住宅细节解剖书

〔日〕大岛健二 著 董方 译

南海出版公司

新经典文化股份有限公司
www.readinglife.com
出　品

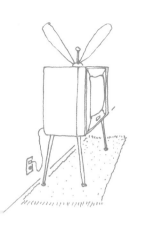

这是一本什么书？

是一本有关家庭装修的私房秘籍。

是一本配有大量插图、从哪儿读起都可以的书。

是一本全部采用实例，真实又有说服力的书。

写给谁看的？

即将着手装修的人，会深受启发。

即将从事住宅设计的新手设计师，赶紧来看熟吃透，偷师学艺。

已经从事住宅设计的专业设计师，欢迎交流经验，切磋学习。

哪些人迫切需要拥有舒适的家？

整天窝在家里听老妈唠叨的年轻人。

沉溺在狂想世界的大龄青年。

被育儿、家务压得喘不过气的妈妈们。

即便回到家也找不到栖身之所的爸爸们。

暂时远离儿孙烦扰的灰发族。

即将与上一代（或下一代）住一起的人。

寻求理想居所的所有人……

这本书的与众不同之处？

些许怀旧。

深情写实。

展望未来。

目　录

第 1 章　　**舒适居所的构成**

10　松散型 LDK

12　电视在居所中的意义

15　厨房是居住的一部分

18　全能的半岛型料理台

21　根据自己的喜好设计厨房格局

24　穿过 LDK 到达儿童房

26　激发想象力的阁楼儿童房

28　整个住宅变成了游乐场

30　电梯井如今变为竞技场

32　充满悬浮感的独处空间

34　和室？不，请叫我榻榻米

36　在榻榻米上走完人生的幸福

38　重现茶室风采

40　如果只作为通道，走廊就没有必要

42　楼梯，比家具更贴近生活

44　分力支撑的楼梯

46　土间增添生活的趣味

48　与中庭相连的玄关土间

50　玄关里的玄机，迎客玄关

52　长长的土间，快速切换心情

54　告别狭小的厕所

56　厕所是完整的小宇宙

58　潮湿的衣物很重

60　传统浴室的乐趣

62　创意无限的露天浴室

第 2 章　　**家，要从整体上考虑！**

66　用地与朝向不一致的乐趣

69　2 层 LDK，与太阳的约会！

72　LDK 在 1 层的理想居所

76　玄关隔出两个庭院

78　舒适又实用的地下室

80　楼梯决定整体格局

83　窗户的意义

86　能再亮一点吗

88　连接心灵的挑高空间

90　两代同住，共享还是分隔

92　断面设计，创造空间

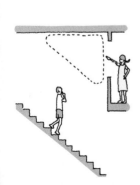

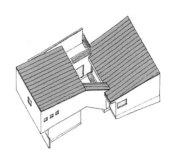

第3章 | 外观设计

96 "拼装"而成的现代化居室

98 屋顶成就和风之家

100 用格子门窗打造现代和风建筑

102 发挥外墙材料的特性

104 日式玄关，不经意的优雅

106 不容忽视的阳台修缮

108 车库也需要通风和采光

第4章 | 收纳整齐的秘诀

112 玄关收纳，不只需要放鞋柜！

114 储藏间一目了然是关键

116 衣帽间也需要通风和采光

118 壁橱，绝妙的大容量储物空间

120 卫浴收纳只需一扇移门

122 高低差，赢得抽屉式收纳空间

124 鬼脚图式的书架

第5章 | 讲究细节的方法

128　地台，体现整体形象！

130　使用时才体会到真正价值的移门

132　障子是落地窗的最佳搭档

134　格调高雅的壁龛

136　富有生活气息的壁龛

138　本色天花板的魅力

140　旧木新用，再现经年之美

142　长凳代表着一种闲适的生活

144　锦上添花的镜子

146　恰到好处的楼梯扶手

148　富有设计感的金属配件

150　享受装饰墙面的乐趣

152　柔和的圆形元素

154　暖心的照明设计

156　躲起来工作的空调

158　我家的"司令台"在哪？

160　高品质生活怎能少了声音设计

162　加湿器是必需品吗？

164　兼顾防盗与避难

167　后　记

169　书中收录的建筑物索引

第 1 章

舒适居所的构成

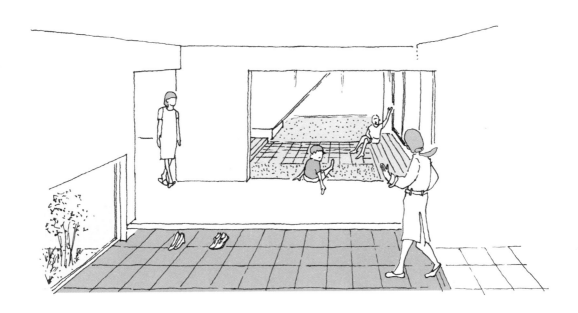

松散型 LDK

在日本，注重一家人齐聚在起居室的习惯源于大正时代（1912～1926年）。

进入平成时代（1989年至今），这一习惯已经逐渐消失。

家庭成员生活在同一屋檐下，又各有各的精彩，已经成为一种常态。不看也知道，妈妈总在厨房里忙碌，也许这种默契就是 LDK[①]存在的意义。

能共享空间的现代 LDK

在哪里做什么不重要，随意、安心、自在就是
最舒服的生活状态。

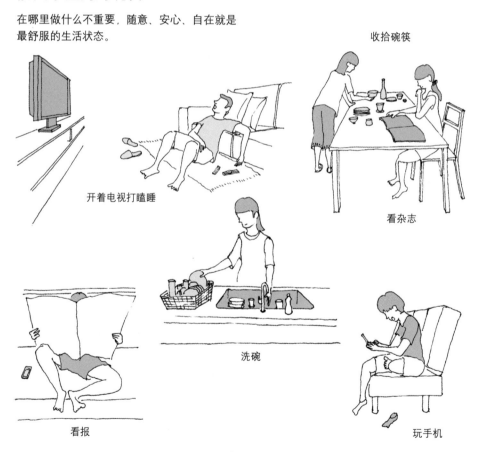

收拾碗筷

开着电视打瞌睡

看杂志

洗碗

看报

玩手机

① LDK。L 即起居室（Living room），D 即餐厅（Dinning room），K 即厨房（Kitchen）。

从厨房也能看到电视

不让妈妈感到孤单的最佳方式是，让她可以从厨房看到电视。

厨房正对电视

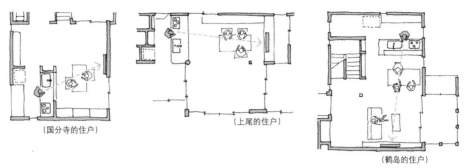

（国分寺的住户）

（上尾的住户）

（鹤岛的住户）

厨房斜对电视

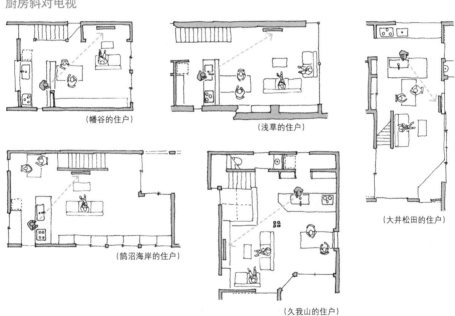

（幡谷的住户）

（浅草的住户）

（大井松田的住户）

（鹄沼海岸的住户）

（久我山的住户）

起居室的变迁

从父权家长制到全家围坐。

大正时代的起居室
这一时期有了起居室的概念。
父亲是一家之主，是权威的
象征。

昭和时代（1926～1989）
的起居室
电视成了大家的中心。

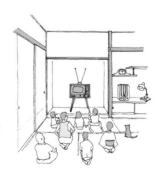

11

电视在居所中的意义

　　超薄液晶电视的诞生，为室内设计带来了很多便利。但随着电脑与智能手机的普及，一家人围坐看电视的光景一去不复返。然而，能将电视摆放得当，犹如窗外的风景那般自然、美观，也是一门学问。超薄的液晶电视放在哪里都不占地方，几乎是现代家庭的必备品。

昭和时代，电视占据了起居室的最佳位置

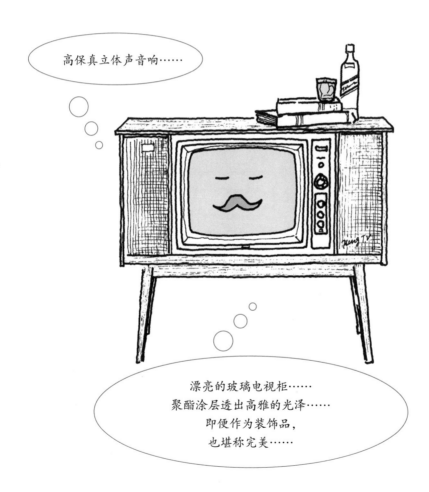

高保真立体声音响……

漂亮的玻璃电视柜……
聚酯涂层透出高雅的光泽……
即便作为装饰品，
也堪称完美……

自由组装的电视柜

（单位：mm）

简约型

不对称设计
打造放松感

（浅草的住户）

30 300
▽ 500
▽ 250

收纳型

（鹤岛的住户）

30 300
▽ 550
▽ 170

悬空设计，显得
空间更宽敞

紧凑型

隐藏的插座

（莲根的住户）

30 300
▽ 500
▽ 260

搁板不紧贴墙壁

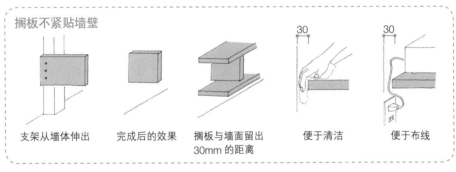

支架从墙体伸出

完成后的效果

搁板与墙面留出
30mm 的距离

30

便于清洁

30

便于布线

电视嵌入墙壁

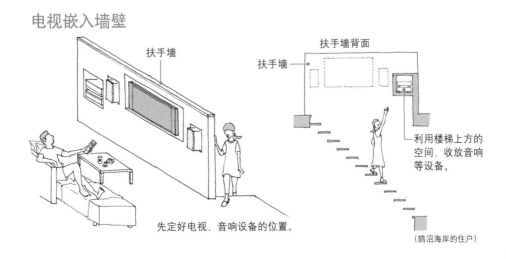

扶手墙

先定好电视、音响设备的位置。

扶手墙背面

扶手墙

利用楼梯上方的
空间，收放音响
等设备。

（鹄沼海岸的住户）

13

有正背面的电视柜

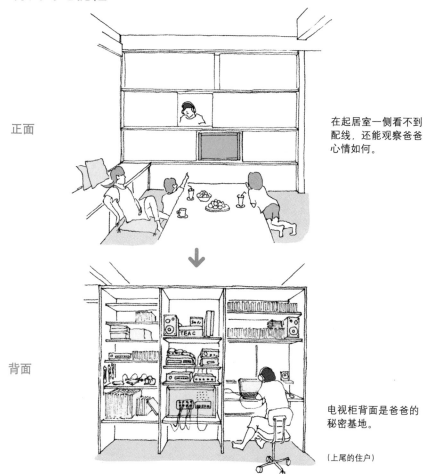

正面

在起居室一侧看不到
配线，还能观察爸爸
心情如何。

背面

电视柜背面是爸爸的
秘密基地。

（上尾的住户）

电视机消失了

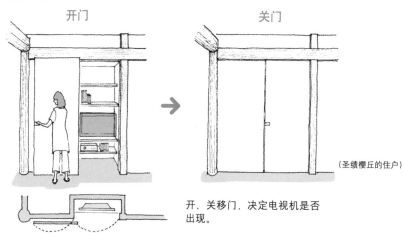

开门

关门

（圣绩樱丘的住户）

开、关移门，决定电视机是否
出现。

厨房是居住的一部分

家居展厅中，各类厨房设备光彩熠熠，有些价格甚至与进口汽车比肩。

然而，说到底，厨房只是居住的一部分，是人们日常生活的"工具"。

一说到厨房格局，大家就会想到岛式或半岛式。其实，应该先思考不同的家庭成员在厨房时的情景。

冰箱、水槽、灶台的三角关系

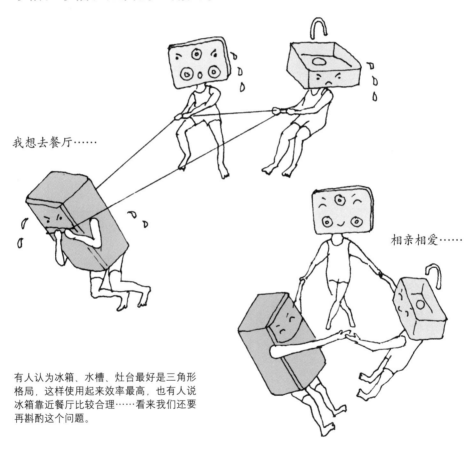

我想去餐厅……

相亲相爱……

有人认为冰箱、水槽、灶台最好是三角形格局，这样使用起来效率最高，也有人说冰箱靠近餐厅比较合理……看来我们还要再斟酌这个问题。

厨房动工之前

先要考虑以下 6 点。

① 几个人做饭？

想让孩子们也一起参与。

②厨房用具有多少？

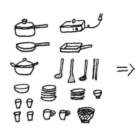

③如何收纳？

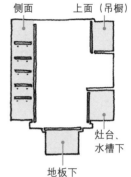

侧面　　　上面（吊橱）

灶台、水槽下

地板下

④合理的面积是？

好想有一个岛式厨房啊……

⑤如何排油烟、除异味？

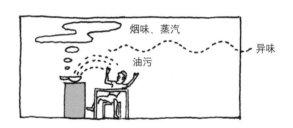

烟味、蒸汽

油污

异味

⑥看得见？看不见？

总是把东西都收起来，擦得干干净净。

把所有用具都放在看得见的位置。

隐藏收纳

VS

看得见的收纳

厨房与餐厅的连接方式

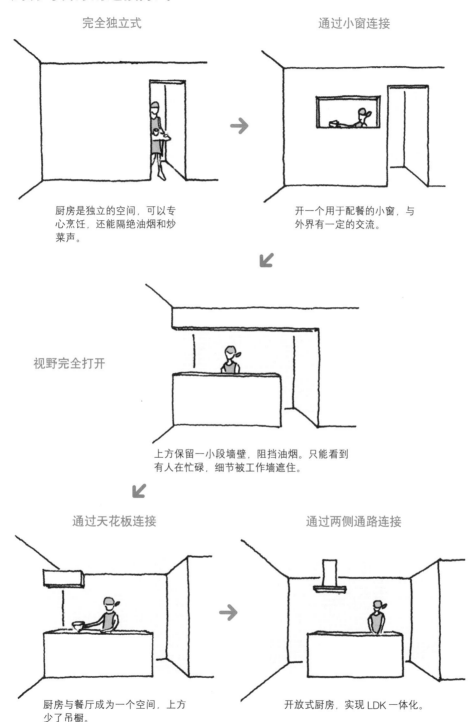

完全独立式

厨房是独立的空间，可以专心烹饪，还能隔绝油烟和炒菜声。

通过小窗连接

开一个用于配餐的小窗，与外界有一定的交流。

视野完全打开

上方保留一小段墙壁，阻挡油烟。只能看到有人在忙碌，细节被工作墙遮住。

通过天花板连接

厨房与餐厅成为一个空间，上方少了吊橱。

通过两侧通路连接

开放式厨房，实现 LDK 一体化。

全能的半岛型料理台

　　传统厨房的料理台一般紧贴墙壁而建，是 I 型料理台。孩子们从小看着厨房里妈妈的背影长大。

　　如今，厨房与餐厅、客厅"遥遥相对"的格局成了主流，半岛型料理台[①]常常为人们所用。即便是经济型住宅，只要巧妙安排窗户和门的位置，绝对不会有封闭、死板的感觉。

最适合日本住宅的半岛型料理台

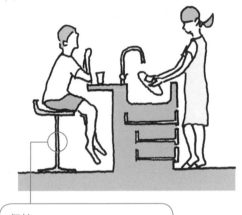

吧台式料理台
料理台的台面延伸成简易餐桌，利用时间差，分别为家庭成员做早餐。收拾起来也方便省事。

餐椅
普通椅子的高度约为 40～50cm，吧台式料理台餐椅的高度在 60cm 左右。

挡板式料理台
看不到水槽和灶台。如果很在意油烟、水渍，推荐选择这种料理台。

①料理台的一侧与墙壁相连，外观上就像三面临海的半岛，因此得名，也可以直接用英文 Peninsula（半岛）称呼。特点是设计自由、随性。

适合二人世界的紧凑型料理台（吧台式料理台）

效率高，功能性强，早餐也可以在这里吃。

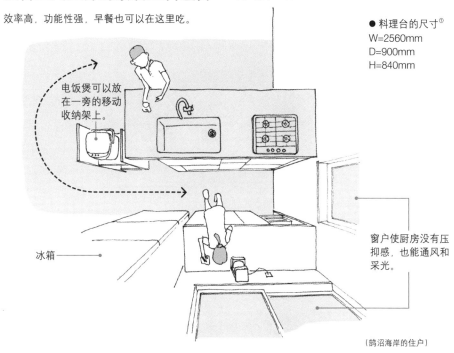

● 料理台的尺寸[①]
W=2560mm
D=900mm
H=840mm

电饭煲可以放在一旁的移动收纳架上。

窗户使厨房没有压抑感，也能通风和采光。

冰箱

（鹄沼海岸的住户）

宽敞型厨房（吧台式料理台）

料理台面板的长度在 3m 以上，料理空间绰绰有余，可以大展厨艺哦。

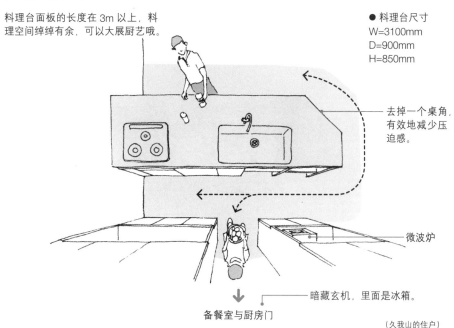

● 料理台尺寸
W=3100mm
D=900mm
H=850mm

去掉一个桌角，有效地减少压迫感。

微波炉

暗藏玄机，里面是冰箱。

备餐室与厨房门

（久我山的住户）

① W 表示宽度，D 表示深度，H 表示高度。

流动性厨房（挡板式料理台）

设计多条路线，分别通往露台、备餐室和丢垃圾的后门。

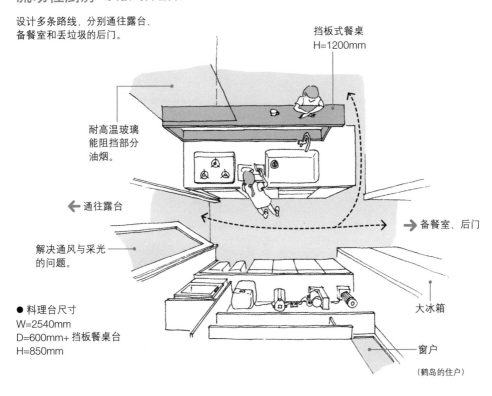

挡板式餐桌
H=1200mm

耐高温玻璃能阻挡部分油烟。

← 通往露台

→ 备餐室、后门

解决通风与采光的问题。

大冰箱

● 料理台尺寸
W=2540mm
D=600mm+ 挡板餐桌台
H=850mm

窗户

（鹤岛的住户）

清洁功能强的厨房（挡板式料理台）

水槽下方的收纳柜不装门板，一目了然。取放物品更方便，也有利于保持清洁。

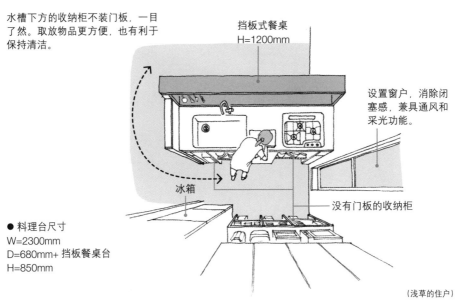

挡板式餐桌
H=1200mm

设置窗户，消除闭塞感，兼具通风和采光功能。

冰箱

没有门板的收纳柜

● 料理台尺寸
W=2300mm
D=680mm+ 挡板餐桌台
H=850mm

（浅草的住户）

根据自己的喜好设计厨房格局

自古以来，人们傍水而居。

在干净的溪水边生火做饭，便是厨房的雏形。

既然人们可以按照喜好安排房间格局，厨房为什么不能呢？无论是开放式岛型厨房，可以容纳多人的宽敞型厨房，效率超高的コ字型厨房，还是主妇的根据地——封闭式厨房，都能展现出一个家庭的个性与特点。

有了水和火之后……生活没有本质上的改变

绳文时代的竖穴式住宅。厨房是家庭的中心。

江户时代后期的长屋。木桶与七轮炉。

茶室旁的水屋。日式洗涤台。

现代的烧烤派对。不知是备灾演习，
还是向往原始生活……

开放式岛型厨房

独立料理台。隐藏式墙面收纳极具现代风格。

● 料理台尺寸
W=2700mm
D=900mm
H=875mm

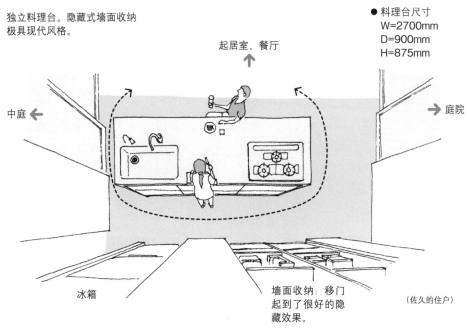

起居室、餐厅

中庭 ←

→ 庭院

冰箱

墙面收纳：移门起到了很好的隐藏效果。

（佐久的住户）

主妇的根据地——封闭式厨房

注重实用性的厨房风格。布置餐桌、收拾碗筷等全家人都可以参与。

● 料理台尺寸
W=2500mm
D=700mm
H=850mm

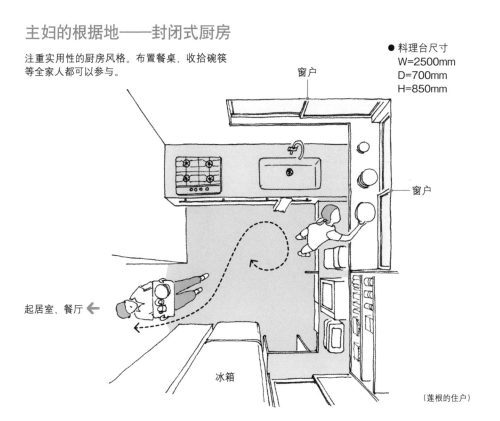

窗户

窗户

起居室、餐厅 ←

冰箱

（莲根的住户）

高效的ㄈ字型厨房

紧凑，注重使用的便捷性。
适合小户型以及忙碌的双职
工小家庭。

● 料理台尺寸
W=1350+1050+1200mm
D=650mm
H=850mm

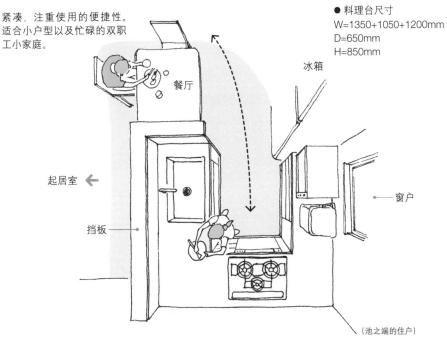

餐厅

冰箱

起居室 ←

挡板 —

窗户

（池之端的住户）

紧贴墙壁的丨型 + 岛型厨房

家庭成员都可以参与。畅通无阻的动线设计，
毫无压迫感。

● 料理台尺寸
岛型
W=2100mm
D=1000mm
H=875mm
丨型
W=3490mm
D=650mm
H=800mm

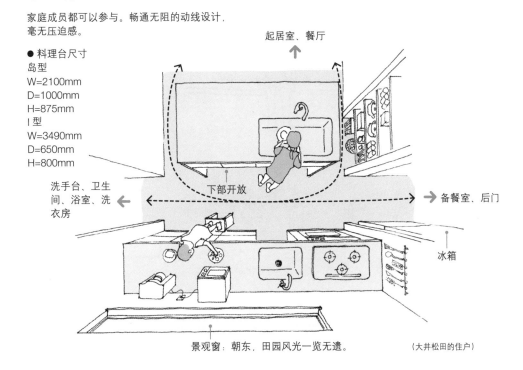

起居室、餐厅

洗手台、卫生
间、浴室、洗
衣房

下部开放

备餐室、后门

冰箱

景观窗：朝东，田园风光一览无遗。

（大井松田的住户）

穿过 LDK 到达儿童房

如果玄关可以直通孩子的房间，那还得了。

孩子每天回来后的变化可能包含某种讯号，父母需要"察言观色"，不能疏忽。因此，要设计一条不直通儿童房的动线。此外，在动线上设置洗手的地方，让孩子养成回房前洗手的好习惯。

父母与子女可以看到彼此

亲爱的，我回来了。

妈妈，我去上学了。

早晨

可以注意到孩子的情绪……

玄关换鞋 ➡ 洗手 ➡ 儿童房 扑通…

这就是通往楼梯的必经之路

通常，要将儿童房与 LDK 安排在同一楼层有一定难度。

1层LDK/2层儿童房

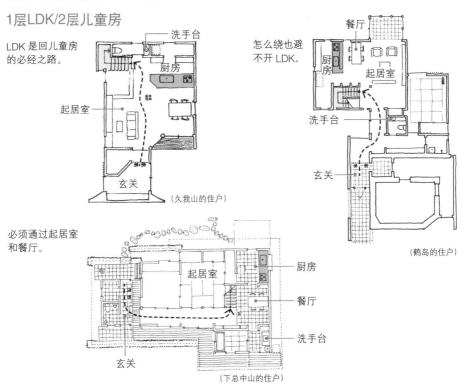

LDK 是回儿童房的必经之路。

洗手台

厨房

起居室

玄关

（久我山的住户）

怎么绕也避不开 LDK。

餐厅

厨房

起居室

洗手台

玄关

（鹤岛的住户）

必须通过起居室和餐厅。

起居室

厨房

餐厅

洗手台

玄关

（下总中山的住户）

2层LDK/3层儿童房

起居室？餐厅？必须经过其中之一。

起居室

餐厅

洗手台

厨房

（池之端的住户）

漫长的动线

厨房

餐厅

起居室

洗手台

（千束的住户）

2层LDK/2层儿童房

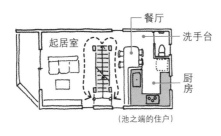

洗手台

儿童房

厨房

餐厅

起居室

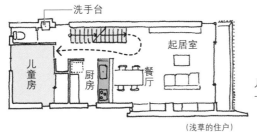

儿童房与 LDK 在同一层的幸福之路。

（浅草的住户）

激发想象力的阁楼儿童房

　　无论是大人还是孩子，对斜顶阁楼、Loft 或顶层小屋都很偏爱。那是家里最安全、最隐秘的地方，总能让人感到安心、踏实。对大人而言，孩子总有一天会长大、独立，至少在他们还在身边的日子里，为他们创造一个充满奇思妙想的小天地吧。

天马行空的想象力

将多余的层高变为阁楼儿童房

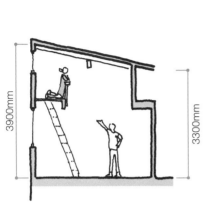

2层（最高层）的天花板形状和高度可以自由设计。层高不足1.4m的空间不能算一层楼，只能算阁楼。

（鹤岛的住户）

天花板较低的位置可以放书桌

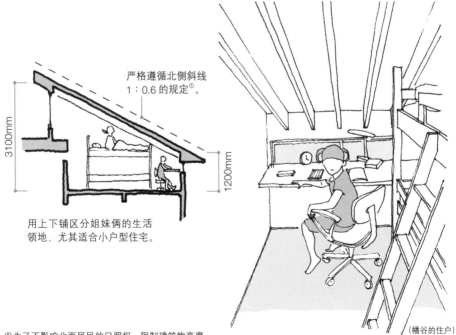

严格遵循北侧斜线1：0.6的规定①。

用上下铺区分姐妹俩的生活领地，尤其适合小户型住宅。

（幡谷的住户）

①为了不影响北面居民的日照权，限制建筑物高度。

整个住宅变成了游乐场

不要爬上去！不可以滑下来！不许摇来摇去！家里充斥着妈妈的警告，不仅妈妈伤神，孩子也总被责骂。可是，就算买来大型玩具，孩子还是会玩腻。既然这样，何不一开始就把家打造成一个游乐场呢？住宅其实很牢固，这种想法完全可以实现。

爬杆、滑梯、摇椅、秋千，应有尽有

爬杆
楼梯扶手作为支柱，灵感来自阿尔瓦·阿尔托的玛利亚别墅[①]。

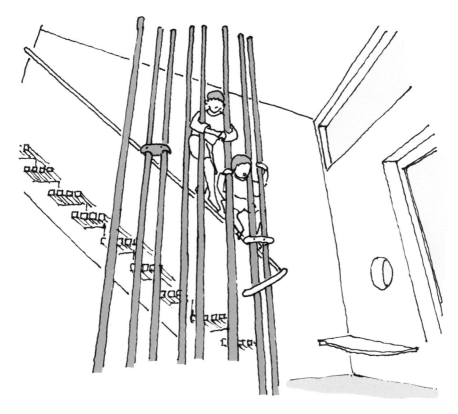

①芬兰设计大师阿尔瓦·阿尔托的著名作品，1939 年竣工。

吊椅

南娜·迪策尔[1]设计的吊椅。
安装前，先将环状螺栓固定在承重梁上。

滑梯

从 2 层的壁橱里滑下来。滑梯的
面材均为铝合金钢板，一定要注
意坡度。

壁橱

水平云梯

将钢管弯折后涂装一新。在
2 层安装支撑地板的横棱木。
这类"悬垂式健身器具"大
人也可以用。

在妈妈的视线
范围内。

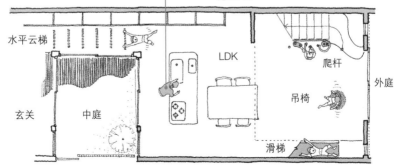

水平云梯

LDK

爬杆

外庭

玄关　　　中庭

吊椅

滑梯

（桧见川的住户）

[1] Nanna Ditzel，丹麦女设计师。

29

电梯井如今变为竞技场

如果将来打算安装家用电梯，必须预留电梯井的位置。通常，大家会把这部分空间用作收纳，如果改建成攀登架一定乐趣无穷。只需用装修时多余的木料打好安全的基础结构，接下来按照爸爸的设想按部就班实施就可以了。

将预留的电梯井建成木制攀登架

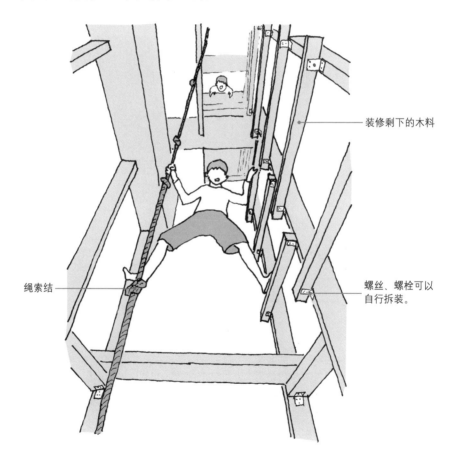

装修剩下的木料

绳索结

螺丝、螺栓可以自行拆装。

孩子的梦想，爸爸为你达成

关键是必须全家一起参与，而不是交给设计师和
工程人员就不管了。

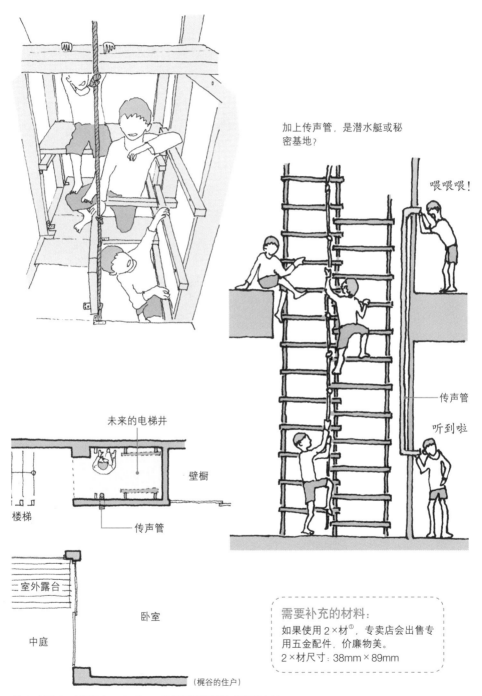

加上传声管，是潜水艇或秘
密基地？

喂喂喂！

传声管

听到啦

未来的电梯井

壁橱

楼梯

传声管

室外露台

卧室

中庭

（梶谷的住户）

需要补充的材料：
如果使用2×材①，专卖店会出售专
用五金配件，价廉物美。
2×材尺寸：38mm×89mm

① 2×材是 2×4 工法（two-by-four，又名框组壁工法）使用的木材。

31

充满悬浮感的独处空间

　　别说孩子，大人很多时候也想独处。没有人打扰，完全属于自己的独立空间。在注重功能性、实用性的住宅中，这样一个不起眼的独处空间变得格外珍贵。比如壁橱上方、楼梯顶上或是其他任何意想不到的地方，只要花心思就一定能找到。

壁橱上的空中书房

（梶谷的住户）

降低壁橱高度（h=1500mm）赢得空间。体会一下喵星人最爱的俯视感吧……

楼梯上方的独处空间

这一空间的平面图很难画出来。只是用来随意堆放杂物很可惜，换一个思路就可以打造不可思议的悬浮感。

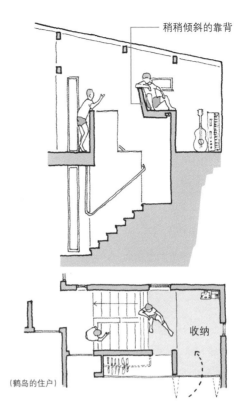

稍稍倾斜的靠背

收纳

（鹤岛的住户）

挑高的独处空间

挑高的顶部、屋顶露台的斜对面，一个让人身心愉悦的小空间。这里并不完全与外界隔绝，可以随时与 LDK 保持联系。

圆角设计

LDK

屋顶露台

挑高空间

（东京某旅馆）

和室？不，请叫我榻榻米

　　住宅地面铺地砖已经相当普及，但榻榻米并未从此销声匿迹。无论是婴儿房，还是放坐垫的客厅游乐区，榻榻米的适用范围很广。榻榻米的铺法、大小、形状都很有讲究，细微的改变就能呈现出不同效果。我们不需要遵循严格的和室礼仪，满足每个家庭的实际需要即可。

江户间与京间的尺寸不同
每一张榻榻米都是手工制作的，尺寸各异，自由度极高。

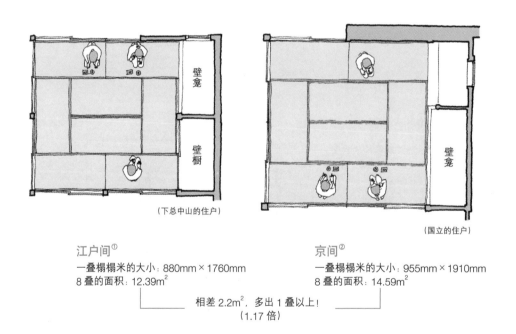

（下总中山的住户）

（国立的住户）

江户间[①]
一叠榻榻米的大小：880mm×1760mm
8叠的面积：12.39m²

京间[②]
一叠榻榻米的大小：955mm×1910mm
8叠的面积：14.59m²

相差 2.2m²，多出 1 叠以上！
（1.17 倍）

①主要在关东、东北、北海道等东日本地区使用。
②主要在关西、四国、九州等西日本地区使用。

变化多多的榻榻米

晚上是3间4叠半的寝室，拉开移门就变成一个大房间。

单间

大房间

（东京某旅馆）

不拘一格的榻榻米

榻榻米没有铺满房间，原本8叠的房间只铺了6叠，边缘不铺。没有上座与下座的区别。
甚至没有专门的壁龛位与壁龛柱，只有一层薄板。

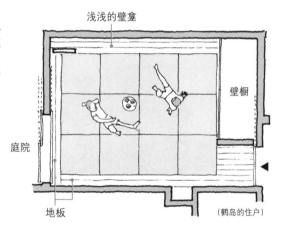

浅浅的壁龛

壁橱

庭院

地板

（鹤岛的住户）

榻榻米卧室

孩子还小的时候，全家睡在一个7叠半的房间里就够了。如果是8叠的正方形房间，很难铺床。
房间一旦放了床，就只能用作卧室，如果是榻榻米，白天还能作为客厅或孩子的游戏区。

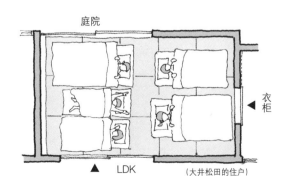

庭院

衣柜

LDK

（大井松田的住户）

在榻榻米上走完人生的幸福

　　不知从何时开始，婚丧嫁娶仪式、宴会、茶会都不在"家"中进行了，家很大程度上就是睡觉的地方。然而，越来越多的人希望重新开发"家"的潜在功能，虽然无法看到自己的葬礼，但希望人生中的每一段风景都能与"家"密不可分。

漫长的人生经过一道道风景后在此画上句号

葬礼
从在医院卧床不起，到丧葬仪式，最后是火葬场……
至少守夜仪式希望在家里完成。

就算不能容纳所有客人，也能在土间或庭院中目送往生者……

平时

爷爷、奶奶、爸爸、妈妈和我，儿孙三代齐聚一堂。

宴会

庆祝生日、入学、毕业、就职、结婚、生子，甚至庆祝
失败……人生充满了各种各样的仪式。

茶会

年轻人不喜欢，但随着年龄的增长，喜好会发生变化。大家穿着和服，
跪坐在榻榻米上像模像样地品茶。

重现茶室风采

　　自古以来，书画陶艺就有"临摹"一说，只要不是以假乱真，临摹不是什么坏事。都说临摹无法超越真迹，但无须百分百复制，模仿名作时能加入自己的想法，让日常生活更有品质，这才是重点。

复制？不，只是重现

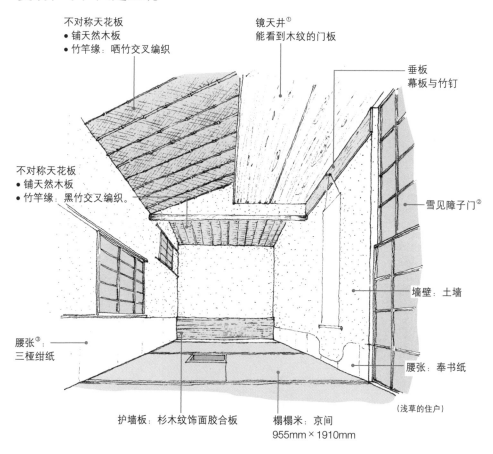

不对称天花板
● 铺天然木板
● 竹竿缘：晒竹交叉编织

镜天井①
能看到木纹的门板

垂板
幕板与竹钉

不对称天花板
● 铺天然木板
● 竹竿缘：黑竹交叉编织。

雪见障子门②

墙壁：土墙

腰张③
三桠绀纸

腰张：奉书纸

（浅草的住户）

护墙板：杉木纹饰面胶合板

榻榻米：京间
955mm×1910mm

①没有竿缘的平滑天花板，日语中的天井指天花板。
②用于赏雪的障子门。
③墙壁下半部的糊纸。

高度、宽度的基本法则

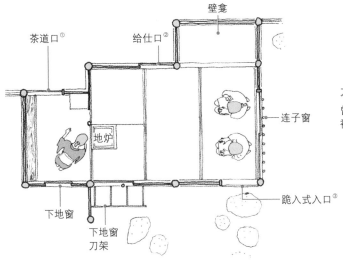

茶道口①
给仕口②
壁龛
连子窗
地炉
跪入式入口③
下地窗
下地窗
刀架

不审庵（平三叠台目）
曾是千利休的茶室，现在被表千家继承。

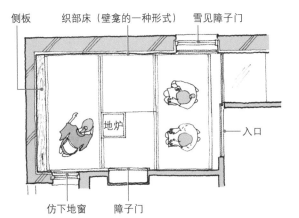

侧板
织部床（壁龛的一种形式）
雪见障子门
地炉
入口
仿下地窗
障子门

浅草的住户　茶室
平三叠广间切（也称平三叠下切）。
主人正在表千家的茶道教室学习茶道，特别设计了这间茶室，以便平日练习。用的都是市面上常见的建材，价格合理，这是茶道提倡的朴拙精神吧……

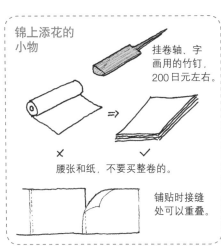

锦上添花的小物

挂卷轴、字画用的竹钉，200 日元左右。

× 腰张和纸，不要买整卷的。

✓ 铺贴时接缝处可以重叠。

间接照明（荧光灯）

1800mm

保证地炉的深度

相比大的榻榻米（955mm×1910mm），紧凑型低矮设计更能体现"和敬清寂"的茶道精神。

①主人用，②后门，③客用。

如果只作为通道，走廊就没有必要

酒店、公寓的走廊让人只想赶快通过。但家里的走廊不能这样无趣。

既然如此，赋予作为通道的走廊新的功能就可以了。这样一来，走廊就会成为可以转换心情，而不是匆匆通过的空间了。

通往房间的走廊

好不容易有了自己的住宅，格局却像酒店一样，太遗憾了……

呃……

室内晾衣处 + 漫画角

在 3 层建一个阳光房吧，可以成为室内晾衣处，放上漫画书架，再用玩偶点缀。

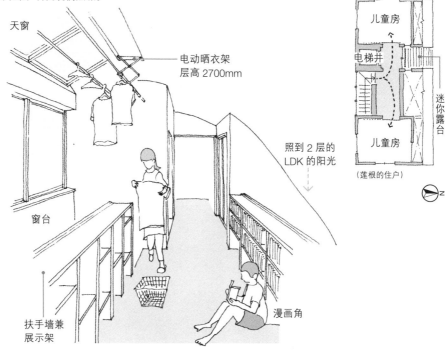

天窗

电动晒衣架
层高 2700mm

照到 2 层的
LDK 的阳光

窗台

扶手墙兼
展示架

漫画角

儿童房

电梯井

迷你露台

儿童房

（莲根的住户）

艺术空间

一进玄关就能看到中庭，利用这里柔和的自然光，设计一个展示架，打造一个艺术空间。

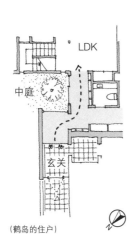

LDK

中庭

玄关

（鹤岛的住户）

中庭

展示架

通往 LDK

楼梯，比家具更贴近生活

大型建筑物或防火建筑的楼梯都是在工厂制作再搬运至现场安装的钢制楼梯。普通住宅的楼梯可以用不同的方式来完成。基本以木制为主，配以合适的螺丝、螺栓，加上细致的组合工艺，就搭建出了富有个性的楼梯。

这样一来，楼梯成了比桌椅更实用、更贴近生活的家具。

全部用木材搭建的楼梯

为了配合日式现代风格的设计，楼梯的每一个部分都用木料精心组成。

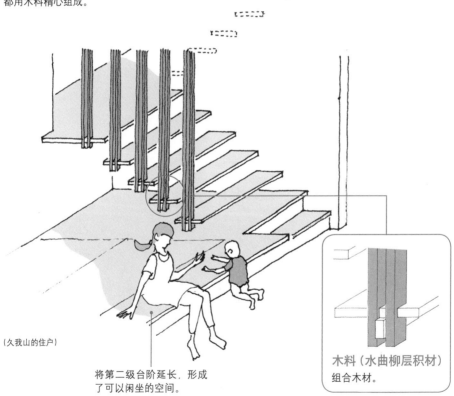

（久我山的住户）

将第二级台阶延长，形成了可以闲坐的空间。

木料（水曲柳层积材）组合木材。

用螺丝、螺栓固定的悬挂式木制楼梯

以最少的材料建造稳固、结实的住宅楼梯。

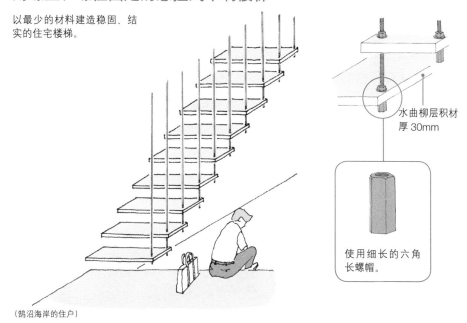

水曲柳层积材厚 30mm

使用细长的六角长螺帽。

（鹄沼海岸的住户）

铁、混凝土和木材组合的楼梯

三种材料完美组合，与内装风格统一。

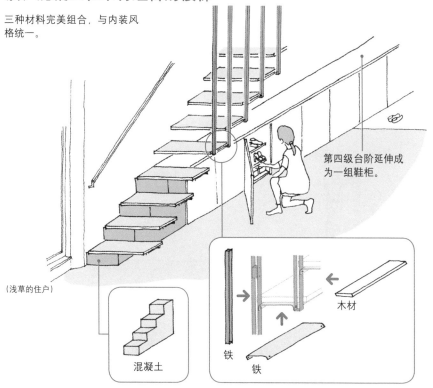

第四级台阶延伸成为一组鞋柜。

（浅草的住户）

混凝土

木材

铁

铁

分力支撑的楼梯

楼梯在住宅中是比较特别的构造，再不多花心思设计一番，更会打破和谐。为了让楼梯尽可能地融入整个生活空间，我们有必要把支撑楼梯的力分解为"承重""悬吊"与"插入"三部分。如果还能兼备"收纳""座椅""台桌"的功能，楼梯将彻底成为生活空间的组成部分。

支撑楼梯的三要素

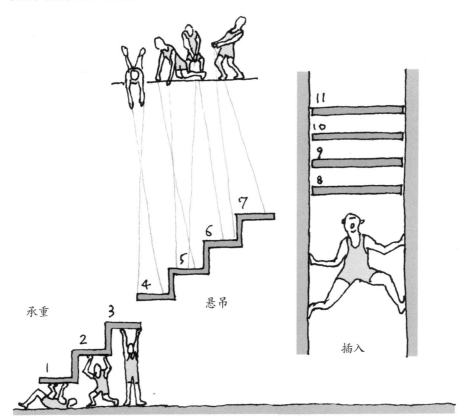

延长台阶成为搁架

将高度合适的台阶延伸出来，变成置物架，有效利用空间。

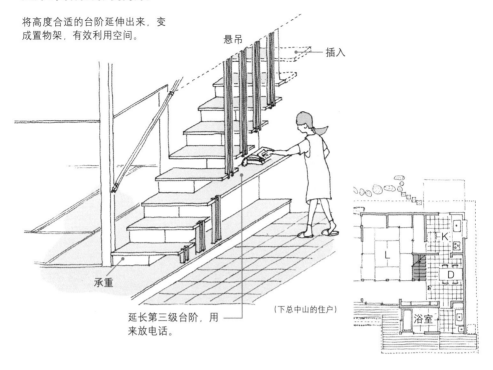

悬吊

插入

承重

延长第三级台阶，用来放电话。

（下总中山的住户）

K

L

D

浴室

将楼梯下方用作收纳空间

事先想好放什么，以决定预留多大空间。

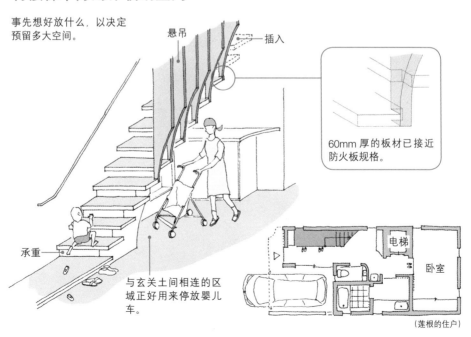

悬吊

插入

60mm 厚的板材已接近防火板规格。

承重

与玄关土间相连的区域正好用来停放婴儿车。

电梯

卧室

（莲根的住户）

土间增添生活的趣味

土间曾是日本人生活的中心，既可以在土间生火煮饭，也可以整理农作物和工具。随着农业机械化和厨房的出现，土间逐渐消失了。

在现代生活中，如果有这样一个连接室内外的中间地带，不仅非常便利，也让日常生活更加丰富。

土间，为生活带来便利

日常琐事

陈列展示

简单交谈

雨天嬉戏

节日布置

摆放婴儿车

土间在起居室一角，可以放火炉

爸爸的周日木工作坊

土间与中庭相连

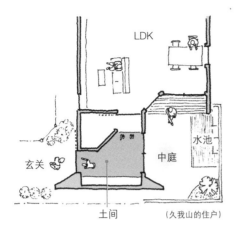

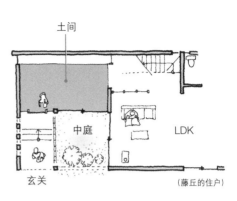

LDK

土间

水池

中庭

玄关

土间

(久我山的住户)

土间

中庭

LDK

玄关

(藤丘的住户)

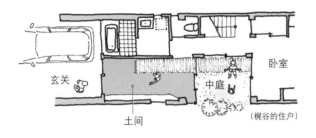

玄关

土间

中庭

卧室

(梶谷的住户)

走廊、玄关、土间、中庭，
景观不断变化。

土间曾是生活的作业区

这里不易燃、不潮湿，非常适合以木料与和纸
为主要建材的日本传统建筑。

与中庭相连的玄关土间

　　宽敞的玄关土间让人心情舒畅，与私密性较高的中庭相连便形成更宽敞的生活区域。如果再与竹踏板套廊连接，视觉界限更清晰，与内部的联系变得更紧密。模糊暧昧的空间里藏着许多生活的线索。

整个 LDK 都面朝土间与中庭

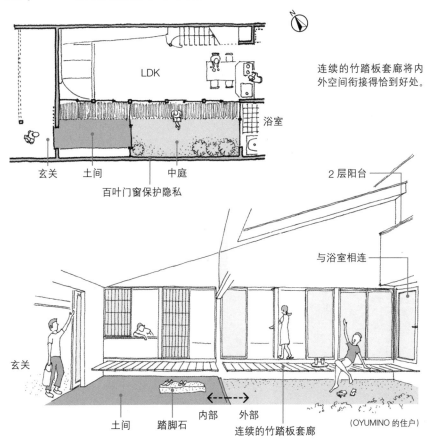

LDK

浴室

连续的竹踏板套廊将内外空间衔接得恰到好处。

玄关　　土间　　　中庭

百叶门窗保护隐私

2层阳台

与浴室相连

玄关

土间　　踏脚石　　内部　外部

连续的竹踏板套廊

(OYUMINO 的住户)

竹踏板套廊打造自由休闲空间

利用蜿蜒细长的地形，设计成町家的过廊式庭院空间。

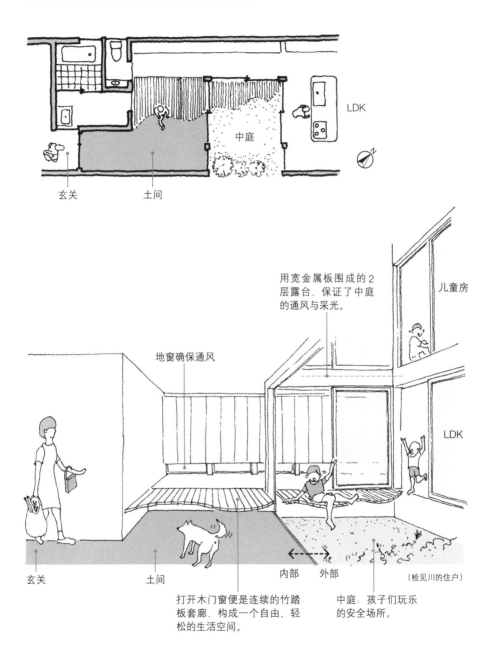

玄关　　土间

用宽金属板围成的2
层露台，保证了中庭
的通风与采光。

儿童房

地窗确保通风

LDK

玄关　　土间　　内部　外部　（桧见川的住户）

打开木门窗便是连续的竹踏
板套廊，构成一个自由、轻
松的生活空间。

中庭：孩子们玩乐
的安全场所。

玄关土间、中庭、LDK，2层的儿童房，衔
接紧密，浑然一体。

玄关里的玄机，迎客玄关

玄关往往存在感不强，但一开门穿过玄关，眼前的中庭让人豁然开朗，这就是"别有洞天"的设计。这里让到访的客人感到宾至如归，对于每天下班、放学回来的家人，也是欢迎他们回家的场所。让家庭成员精神抖擞地出门，满怀期待地回家，这是住宅空间设计的要点。

两个中庭形成迎客玄关

与玄关、LDK、卧室相连的中庭成了生活的中心。套廊、地砖、草地，三种材质的地面满足生活的各种需求。

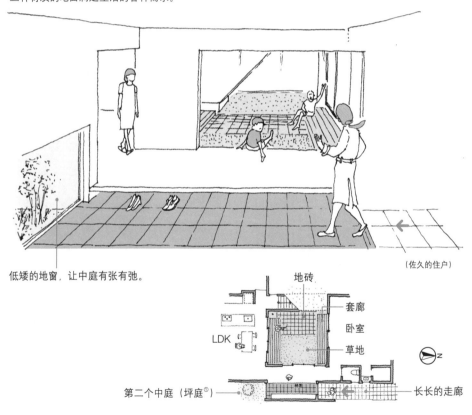

低矮的地窗，让中庭有张有弛。

（佐久的住户）

地砖

套廊

卧室

草地

LDK

第二个中庭（坪庭①）

长长的走廊

①坪是日本的面积单位，1 坪约等于 3.3m²，坪庭指比较小的庭院。

隔着楼梯的中庭构成迎客玄关

营造从2层飞奔下楼迎接客人的氛围。多重风景让人应接不暇。

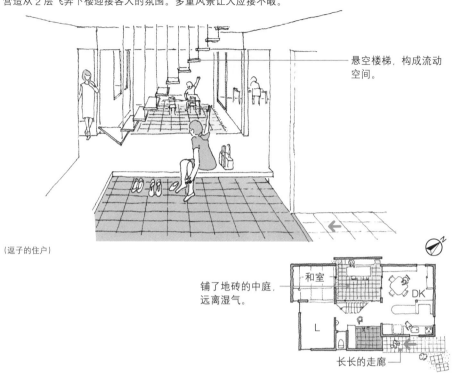

悬空楼梯，构成流动空间。

（逗子的住户）

铺了地砖的中庭，远离湿气。

和室

DK

L

长长的走廊

北侧宁静的中庭构成迎客玄关

坪庭仅作观赏用，它总是静静地迎接家人和访客。

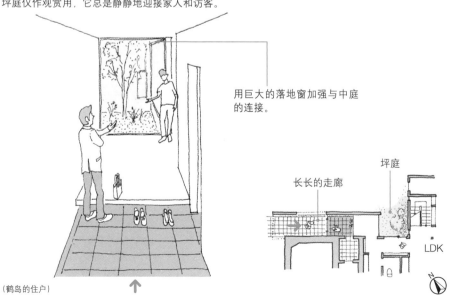

用巨大的落地窗加强与中庭的连接。

长长的走廊

坪庭

LDK

（鹤岛的住户）

长长的土间，快速切换心情

在玄关脱鞋，跨上一级台阶后可以到各个房间，这样的格局太司空见惯了。特别是有外国朋友来访时，经常会犹豫要不要脱鞋。玄关的设计完全可以自由发挥，比如设计成类似土间的独立空间。

直通 2 层客房的土间

酒店式客厅
不脱鞋也可以入内的西式客厅。
也能乘电梯直达 2 层。

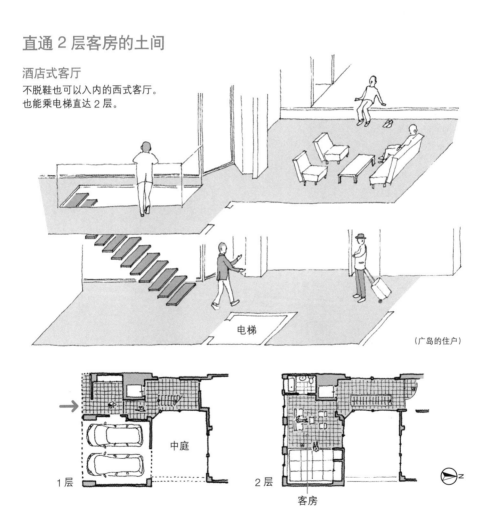

（广岛的住户）

1 层　　　　中庭

2 层　　　　客房

电梯

直通各个房间的土间

（鹄沼海岸的住户）

住宅中每个房间都保持相对独立
只有进入房间时才需要换鞋，这样的
设计让生活更有节奏感。

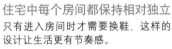

直通电梯的土间

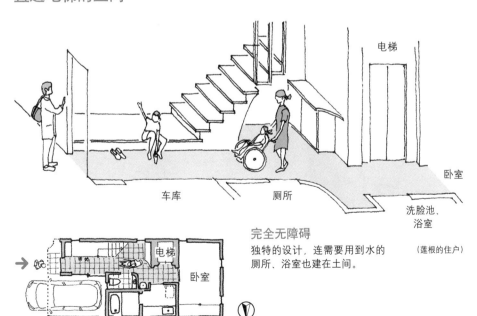

（莲根的住户）

完全无障碍
独特的设计，连需要用到水的
厕所、浴室也建在土间。

告别狭小的厕所

现在的马桶越来越先进了，确切地说是集冲洗、清洁、除臭于一体的马桶越来越人性化了。于是，厕所也不再是又脏又臭的代名词。很多家庭都有两个厕所，第二间可以试着设计成厕所、浴室、洗漱 3 合 1 的空间。宽敞明亮，老少皆宜。

第二个厕所设计成 3 合 1

好处多多的 3 合 1 空间

便于照顾老人　　　　　　　　有利于孩子养成良好的如厕习惯

3 合 1

没有浴室门的开放式空间。

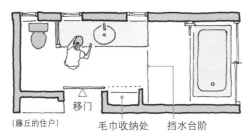

(藤丘的住户)　　移门　　毛巾收纳处　　挡水台阶

进门处是马桶的设计

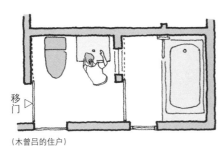

移门

(木曾吕的住户)

半透明玻璃隔断，淡化马桶的存在感

半透明玻璃

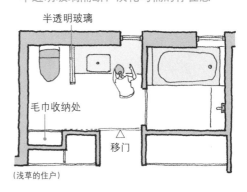

毛巾收纳处

移门

(浅草的住户)

+ 洗衣机 =4 合 1

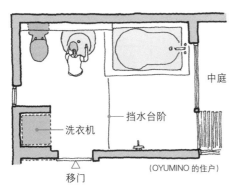

面向中庭的大面积开放空间

中庭

挡水台阶

洗衣机

移门

(OYUMINO 的住户)

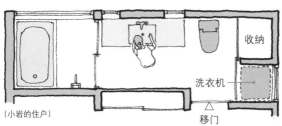

进门是洗衣机的设计

收纳

洗衣机

移门

(小岩的住户)

厕所是完整的小宇宙

　　一定有不少人认为厕所才是真正让人放松的地方。无水箱马桶已经逐渐普及，它的优点是小巧、节水、设计简约。当然，洗脸池与马桶的分离也是必要条件。洗脸池的设计关系到整个厕所的风格和实用性，对整体格局有决定性作用。

无水箱马桶和洗脸池

为了赢得更多室内空间，无水箱马桶出现了……

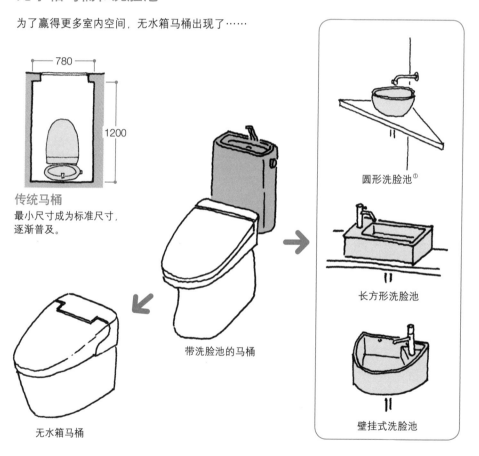

780

1200

传统马桶
最小尺寸成为标准尺寸，逐渐普及。

无水箱马桶

带洗脸池的马桶

圆形洗脸池①

长方形洗脸池

壁挂式洗脸池

①非埋入式洗脸池。

如何利用节省出来的空间？

（单位：mm）

增加面积不是唯一的目标，开门位置和确保收纳空间才是重点。

正前方嵌入式
面积有限时的格局。

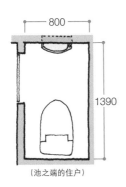

（池之端的住户）

正前方台式
长度有余而宽度不够时的格局。

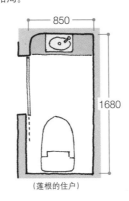

（莲根的住户）

正前方壁挂式
出入口窄小，无法安装洗脸池时的格局。

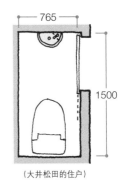

（大井松田的住户）

侧面台式
宽度足够时，可以确保洗脸池下方的收纳空间。

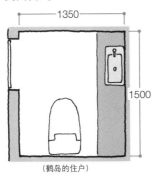

（鹤岛的住户）

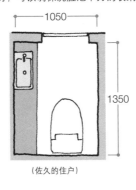

（佐久的住户）

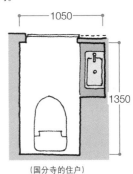

（国分寺的住户）

角落式
别有情调的陶制洗脸池，与和风住宅非常和谐。

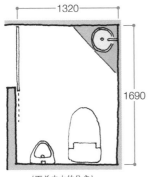

（下总中山的住户）

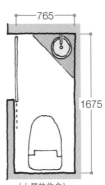

（上尾的住户）

潮湿的衣物很重

洗衣机被称为"家庭三大神器",以前都放在室外。后来渐渐开始搬入室内,如今多数放置在洗脸池附近。

洗衣机的功能日渐强大,还能烘干,但偶尔还是希望衣物能在阳光下自然晾干。此外,脱水后的湿衣物依然很重,洗衣机的位置直接关乎搬运湿衣物的路程长短。

洗衣机功能再强大,依然渴望自然晾干…

晒衣服一定要在阳光最充足的顶楼……

好~累~啊!

洗衣机最好离晾晒处近一些……

好~轻~松♪

当然,近在咫尺是最好的……

整个 2 层都面朝露台

浴室、更衣室、洗衣机和洗脸池
都朝向位于东侧的露台。

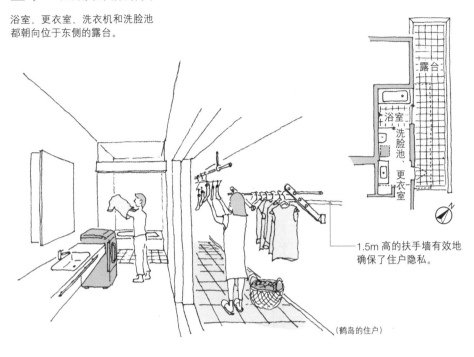

1.5m 高的扶手墙有效地
确保了住户隐私。

（鹤岛的住户）

家务间在面朝露台的 2 层

洗衣机摆放在更衣室与洗脸池旁边的大家务间
内。同时满足室内晾干和户外晒干。

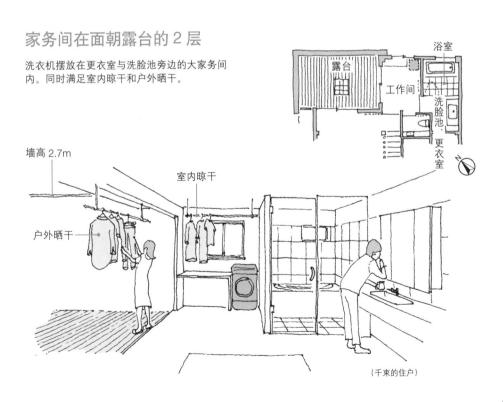

（千束的住户）

传统浴室的乐趣

整体浴室有许多优点，但如果想增添一份家庭的乐趣，就得用一些传统的办法。比如：夏天和孩子们一起玩水、中秋满月之际边喝酒边泡澡、冬天飘有柚子皮的半身浴，春天洒满花瓣的樱花浴……其乐无穷。

让我们在浴室里创造出更多的生活乐趣吧。

整体浴室好处多多……

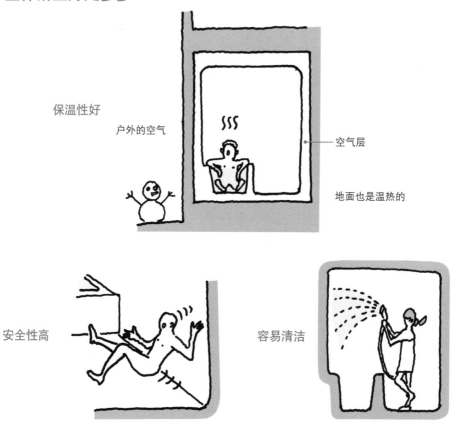

保温性好

户外的空气

空气层

地面也是温热的

安全性高

容易清洁

传统浴室的乐趣

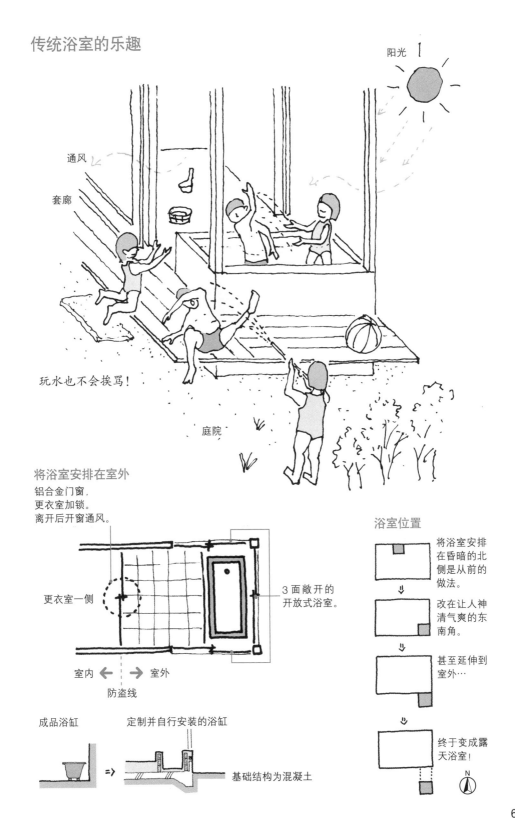

阳光

通风

套廊

玩水也不会挨骂！

庭院

将浴室安排在室外
铝合金门窗。
更衣室加锁。
离开后开窗通风。

更衣室一侧

室内 ← ┆ → 室外

防盗线

3面敞开的
开放式浴室。

成品浴缸　　定制并自行安装的浴缸

基础结构为混凝土

浴室位置

将浴室安排
在昏暗的北
侧是从前的
做法。

改在让人神
清气爽的东
南角。

甚至延伸到
室外…

终于变成露
天浴室！

N

创意无限的露天浴室

从前，浴室通常被安排在相对潮湿阴冷的北侧或西侧。

沐浴泡澡原本有利于健康，但湿气过重却不好。所以，我们是不是应该学习古人来个露天浴呢？话虽如此，却又并非易事，所以无须拘泥于形式，大胆将浴室安排在室外，不再是简单为了入浴、洗净，而是将浴室打造成一个轻松愉悦的生活空间吧。

来自露天温泉的灵感

水雾缭绕、无限美景，在大自然的怀抱中……

面朝庭院，三面开放的浴室

通风良好，无须担心木制的墙壁受潮发霉。
面积：1.5 坪

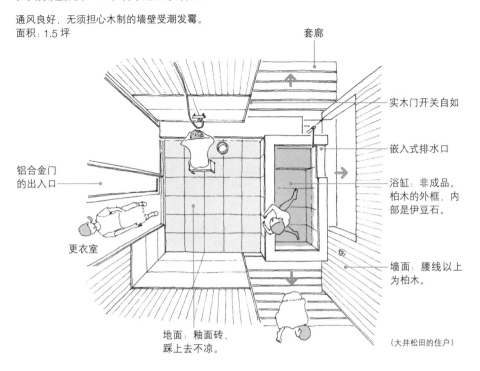

套廊

实木门开关自如

嵌入式排水口

浴缸：非成品。
柏木的外框，内
部是伊豆石。

铝合金门
的出入口

更衣室

墙面：腰线以上
为柏木。

地面：釉面砖，
踩上去不凉。

（大井松田的住户）

面朝庭院，两面开放的浴室

柏木浴槽，成品，可替换。
面积：1.5 坪

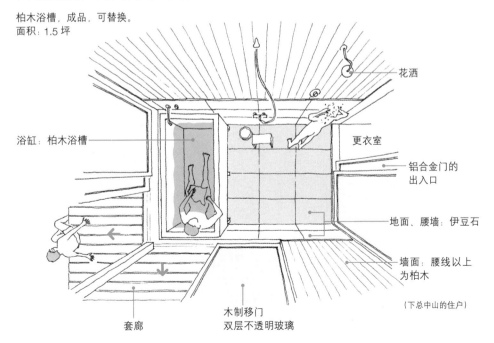

花洒

浴缸：柏木浴槽

更衣室

铝合金门的
出入口

地面、腰墙：伊豆石

墙面：腰线以上
为柏木

（下总中山的住户）

套廊

木制移门
双层不透明玻璃

63

面朝庭院与套廊，两面开放的浴室

梯形浴室，视野开阔。不规则的浴缸别有情趣。
面积：1.5 坪

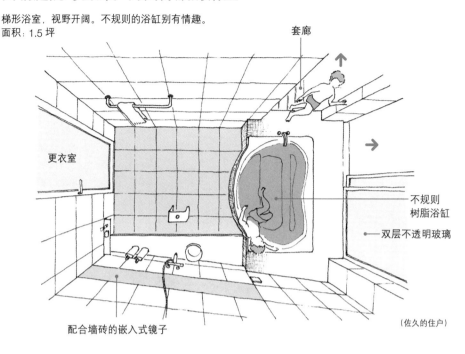

套廊

更衣室

不规则
树脂浴缸

双层不透明玻璃

配合墙砖的嵌入式镜子

（佐久的住户）

面朝 2 层露台的开放式浴室

将混凝土构造的优点发挥到极致。
面积：1.1 坪

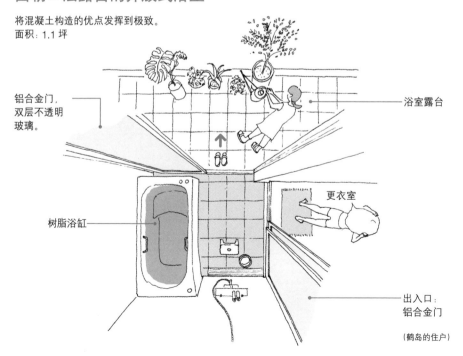

铝合金门，
双层不透明
玻璃。

浴室露台

更衣室

树脂浴缸

出入口：
铝合金门

（鹤岛的住户）

第 **2** 章

家，要从整体上考虑！

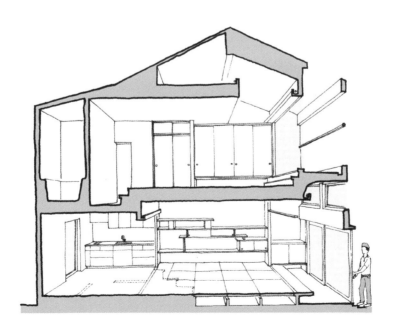

用地与朝向不一致的乐趣

在日本，建一栋住宅要从找地皮开始。

"南面是大马路，接着是宽敞的庭院，停车场，最里面是住宅。"谁都想要这样的格局，但这样理想的地皮实在凤毛麟角。实际上，用地与朝向很难两全。因此，我们只能通过巧妙的设计化腐朽为神奇，变劣势为优势。

为什么会有坐北朝南的说法……

在以狩猎为生的年代，人们常常将部落建在阳光充足的小山丘上。进入农耕时代后，才渐渐移居至水源充足的地方。那时候可以说是靠山吃山，靠水吃水。

从前的农户
在广阔的土地上自由搭建房屋，在房前的庭院里耕种。为了方便晾晒谷物，庭院都会朝向阳光充足的南面。

"理想家园"
朝南的意识不减，但生活方式与居住习惯越来越西化。

不同地形造就不同的家

大部分的用地与朝向都不匹配。建房时必须考虑到室内室外,如果最理想的正南方位无法现实,也可以利用地形与空间建造一个东南朝向的舒适住宅。

正南面是道路

分块出售的住宅用地中,非常好的标准用地。

庭院一定在南侧。

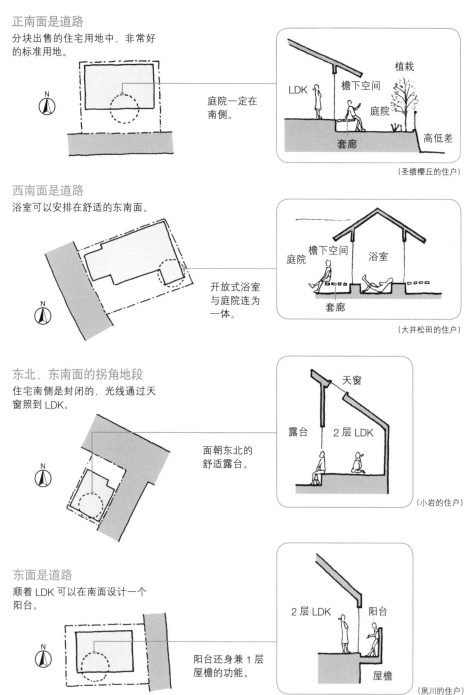

植栽

LDK

檐下空间

庭院

套廊

高低差

(圣绩樱丘的住户)

西南面是道路

浴室可以安排在舒适的东南面。

开放式浴室与庭院连为一体。

庭院

檐下空间

浴室

套廊

(大井松田的住户)

东北、东南面的拐角地段

住宅南侧是封闭的,光线通过天窗照到 LDK。

面朝东北的舒适露台。

天窗

露台

2 层 LDK

(小岩的住户)

东面是道路

顺着 LDK 可以在南面设计一个阳台。

阳台还身兼 1 层屋檐的功能。

2 层 LDK

阳台

屋檐

(夙川的住户)

西北、东南两侧均为道路
利用充足的面积，将庭院设计在东南方向。

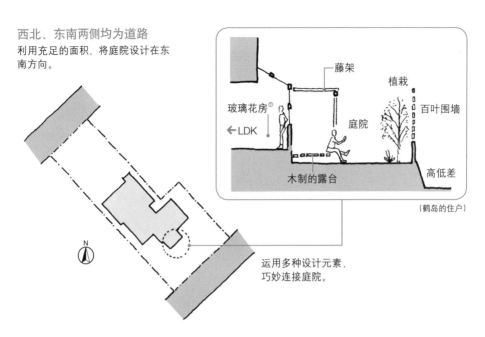

玻璃花房①

←LDK

藤架

植栽

庭院

百叶围墙

木制的露台

高低差

（鹤岛的住户）

运用多种设计元素，巧妙连接庭院。

东北、东南的拐角地段
在严格遵守道路斜线的前提下设计阳台。

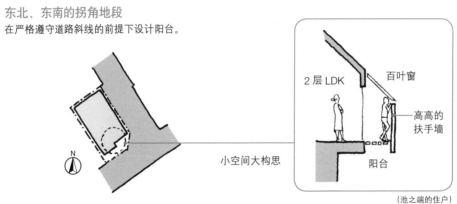

2层LDK

百叶窗

高高的扶手墙

阳台

小空间大构思

（池之端的住户）

西北、东北的拐角地段
巧妙地将中庭设计成凹字形，赢得东南方向的空间。

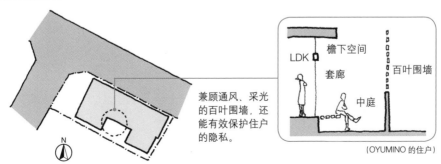

LDK

檐下空间

套廊

中庭

百叶围墙

兼顾通风、采光的百叶围墙，还能有效保护住户的隐私。

（OYUMINO 的住户）

①玻璃花房即用玻璃围成的小小花园。

2 层 LDK，与太阳的约会！

在城市中心住宅密集的地段，1 层很难确保同时兼顾采光和通风。在一栋 3 层住宅中，如果将 LDK 设置在 1 层难以满足采光和合理的动线设计，可以将 LDK 移至 2 层。如此一来，通风、采光和隐私等问题迎刃而解。此外，即便只有两层楼，如果将 LDK 安排在 2 层，既不受层高与户型限制，采光与通风效果也有保障。

拥有阳光与安心感的 2 层建筑

日本的居住模式起源于向下挖掘的竖穴式住宅与南方的高脚式住宅的结合。在遮天蔽日的森林里，为了抵御外敌、动物与湿气，人们不断将住所向上搭建以获得阳光，以适应自然界。

适合将 LDK 移至 2 层的用地

关键是采光方式与空气流通的方向。

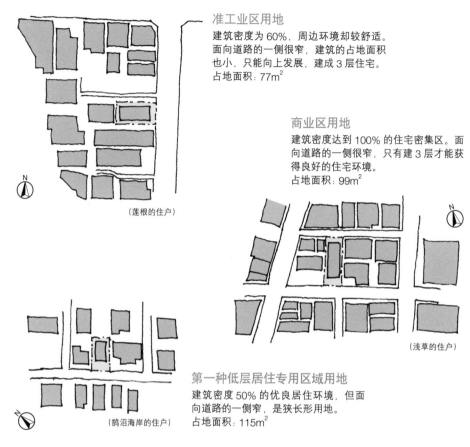

准工业区用地

建筑密度为 60%，周边环境却较舒适。面向道路的一侧很窄，建筑的占地面积也小，只能向上发展，建成 3 层住宅。
占地面积：77m²

商业区用地

建筑密度达到 100% 的住宅密集区。面向道路的一侧很窄，只有建 3 层才能获得良好的住宅环境。
占地面积：99m²

（莲根的住户）

（浅草的住户）

第一种低层居住专用区域用地

建筑密度 50% 的优良居住环境，但面向道路的一侧窄，是狭长形用地。
占地面积：115m²

（鹄沼海岸的住户）

2 层建筑 /2 层 LDK

天花板设计自由，采光、通风毫无障碍。

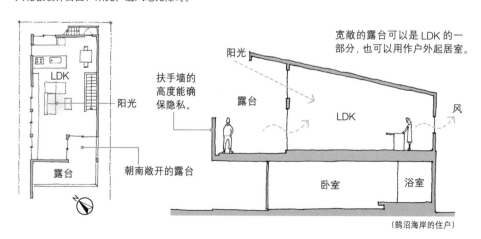

宽敞的露台可以是 LDK 的一部分，也可以用作户外起居室。

LDK

阳光

扶手墙的高度能确保隐私。

朝南敞开的露台

露台

阳光

露台

LDK

风

卧室

浴室

（鹄沼海岸的住户）

3 层建筑 /2 层 LDK

LDK 安排在 2 层正中央。

阳光从 3 层挑高空间的顶部照入，通过北侧的曲面墙，反射入 2 层 LDK，形成柔和的光线。

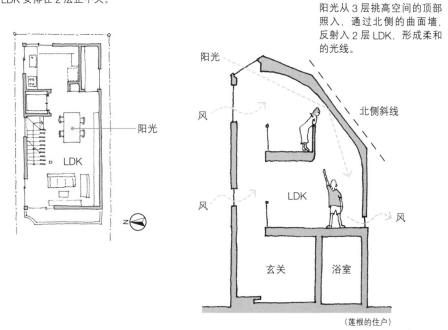

（莲根的住户）

3 层建筑 /2 层 LDK

狭长形格局。光线从 3 层照入位于 2 层中央的 LDK。

阳光从 3 层的露台照入，通过挑高空间进入室内。露台下方空间的层高略高出 2 层层高。

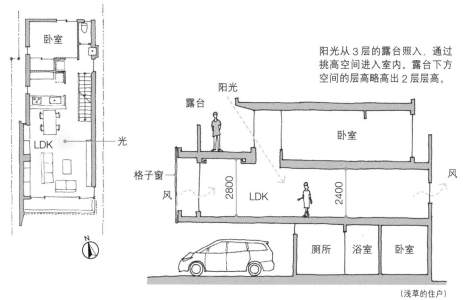

（浅草的住户）

LDK 在 1 层的理想居所

自古以来，人们的居所多以平房为主，吃饭、休息等日常活动都在 1 层完成。这一生活习惯根深蒂固，沿袭至今，只要有一定的外部空间，又能确保采光、通风和隐私，生活中心 LDK 最好还是安排在 1 层。此外，考虑到社会老龄化的趋势，安排在 1 层也是理想的居住格局。

比起人造庭院，LDK 旁的家庭菜园更难得

孩子有安全的游乐场所，家中的老人不出门也不会无聊。未来，庭院与菜园相结合，可能会成为独栋住宅的最大魅力。

拔根萝卜来！

好嘞！

适合将 LDK 安排在 1 层的用地

在市中心很难拥有 100 坪（330m²）以上的用地。郊外可以最大限度发挥大面积住宅的优势。

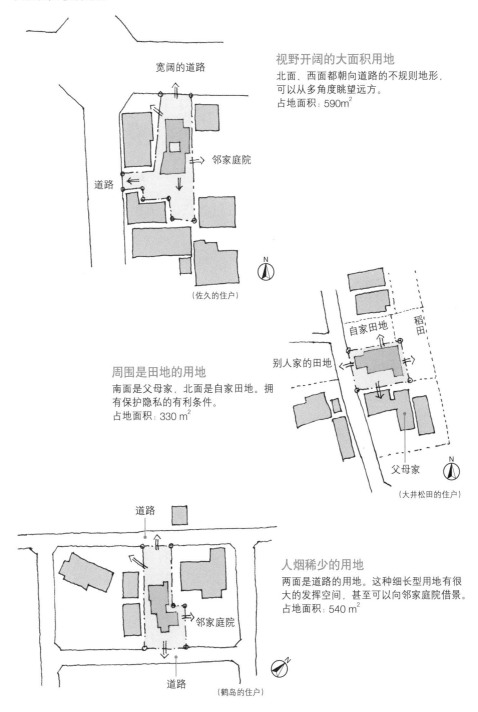

视野开阔的大面积用地

北面、西面都朝向道路的不规则地形，可以从多角度眺望远方。
占地面积：590m²

（佐久的住户）

周围是田地的用地

南面是父母家，北面是自家田地。拥有保护隐私的有利条件。
占地面积：330 m²

（大井松田的住户）

人烟稀少的用地

两面是道路的用地。这种细长型用地有很大的发挥空间，甚至可以向邻家庭院借景。
占地面积：540 m²

（鹤岛的住户）

两个庭院，轻松育儿 /1 层 LDK

孩子在室外玩耍，家长的视线也完全可及。

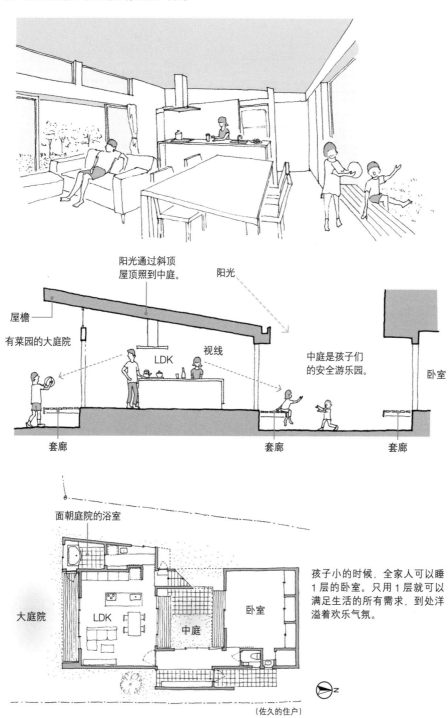

阳光通过斜顶
屋顶照到中庭。

阳光

屋檐

有菜园的大庭院

LDK

视线

中庭是孩子们
的安全游乐园。

卧室

套廊

套廊

套廊

面朝庭院的浴室

大庭院

LDK

中庭

卧室

孩子小的时候，全家人可以睡
1 层的卧室。只用 1 层就可以
满足生活的所有需求，到处洋
溢着欢乐气氛。

N

（佐久的住户）

有趣的园艺生活 /1 层 LDK

与 LDK 自然融合的各类庭院。

[起居室] − [玻璃花房] − [庭院] − [道路]

缓冲带

园艺工房
(收纳园艺工具的小屋)

从厨房到露
台的入口

西式庭院
园艺

扔垃圾的后门

坪庭

LDK

N

日式庭院

玻璃花房

(鹤岛的住户)

玻璃花房
连接起居室与庭院的过渡空间。

注重和风外观 /1 层 LDK

无限接近昔日平房的日式住宅。以 LDK
为中心，安排各部分。

田地

琴房

卧室

LDK

道路

稻田

檐下土间

庭院

类似露天温
泉的浴室

(大井松田的住户)

N

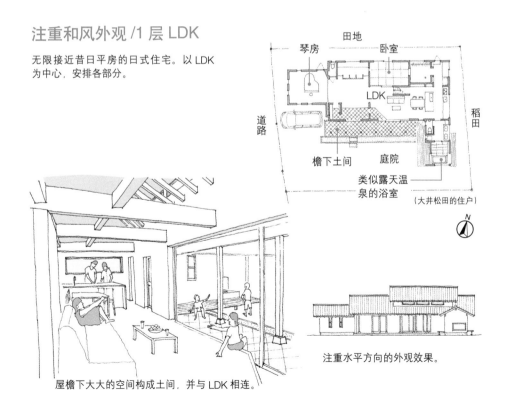

注重水平方向的外观效果。

屋檐下大大的空间构成土间，并与 LDK 相连。

玄关隔出两个庭院

住在乡村会向往城市的繁华，待在城市又会憧憬乡村的宁静与泥土的芬芳。家，承载着每个人的生活与情感。我们既想赢得路人或来客的羡慕眼光，又想自由自在地生活。只要拥有一块中等规模的用地（50 坪左右），就能随心所欲地拥有玄关土间，利用外部空间隔出两个截然不同的世界。

对比鲜明的两个世界

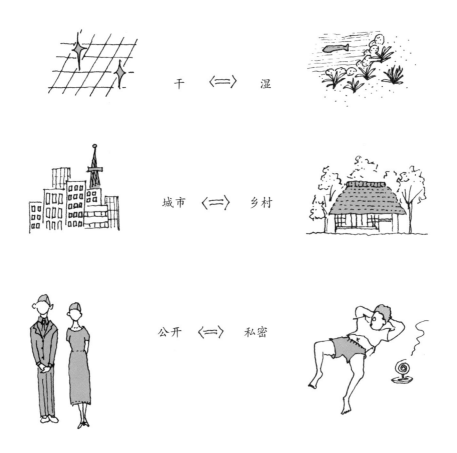

干 〈＝〉 湿

城市 〈＝〉 乡村

公开 〈＝〉 私密

突出式玄关，享受对比空间的乐趣

不是隔断，而是自然过渡、衔接
两个不同的空间。
占地面积：164m²

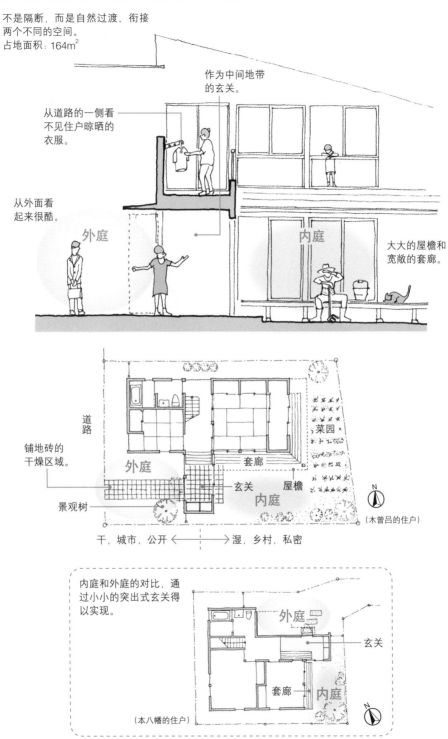

作为中间地带
的玄关。

从道路的一侧看
不见住户晾晒的
衣服。

从外面看
起来很酷。

外庭

内庭

大大的屋檐和
宽敞的套廊。

道
路

铺地砖的
干燥区域。

外庭

套廊

玄关

屋檐

内庭

菜园

景观树

（木曾吕的住户）

干，城市，公开 ←——｜——→ 湿，乡村，私密

内庭和外庭的对比，通
过小小的突出式玄关得
以实现。

外庭

玄关

套廊

内庭

（本八幡的住户）

舒适又实用的地下室[①]

用地面积小，能用的都用了，还觉得少一个房间，预算也够，但因为受到斜线限制，无法盖第3层。向上不行就只能考虑往地下了。只要做好防水措施，解决了采光、通风等问题，将地下室设计成一个不受外界气温影响、冬暖夏凉的温热环境，是完全可行的。

向地下发展，补足不够的面积

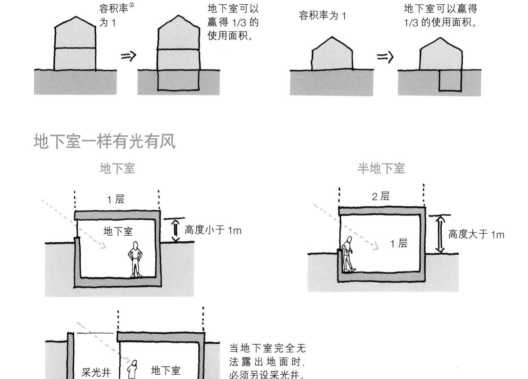

2层建筑

容积率[②]为1 ⇒ 地下室可以赢得1/3的使用面积。

1层建筑

容积率为1 ⇒ 地下室可以赢得1/3的使用面积。

地下室一样有光有风

地下室

1层

地下室

高度小于1m

半地下室

2层

1层

高度大于1m

采光井 地下室

当地下室完全无法露出地面时，必须另设采光井。

①地下室基本知识：面积最多可达总使用面积的1/3；天花板与1层地平面的距离小于1米就可以算作地下室；可以不必完全埋入地下。
②容积率指建筑面积与用地面积的比率。

拥有地下室 & 半地下室的一层住宅

地下室

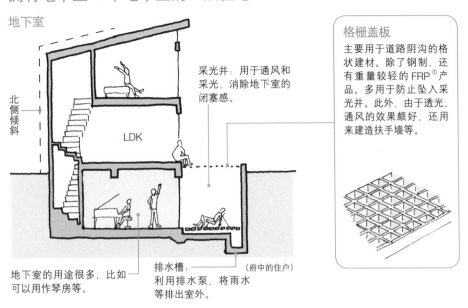

北侧倾斜

采光井：用于通风和采光，消除地下室的闭塞感。

LDK

地下室的用途很多，比如可以用作琴房等。

排水槽：利用排水泵，将雨水等排出室外。

（府中的住户）

格栅盖板
主要用于道路阴沟的格状建材。除了钢制，还有重量较轻的 FRP① 产品。多用于防止坠入采光井。此外，由于透光、通风的效果颇好，还用来建造扶手墙等。

半地下室的 1 层

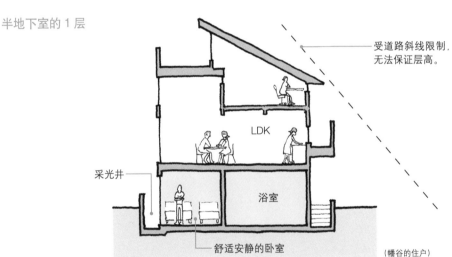

受道路斜线限制，无法保证层高。

LDK

采光井

浴室

舒适安静的卧室

（幡谷的住户）

column | 地下室墙壁

为了防止漏水，在地下水较多的区域，必须使用双层壁材。以前是用混凝土，比较厚重，如今常用较轻薄的聚氯乙烯塑胶壁材。

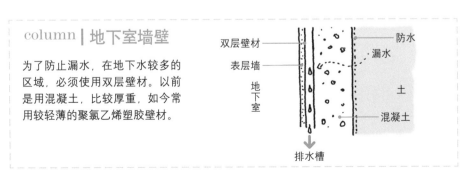

双层壁材

表层墙

地下室

防水

漏水

土

混凝土

排水槽

①纤维增强复合材料。

79

楼梯决定整体格局

挑高空间、螺旋楼梯……这是大多数人向往的家的元素。然而，以目前日本人的居住条件来看，很难实现。

楼梯不是摆设或装饰品，而是连接上下楼层的重要工具。选对楼梯类型与安放位置对整体格局至关重要。因此，一定要妥善、周详地做好计划。

楼梯不是摆设

同时具备安全性与功能性，并
服务于生活，这是楼梯的使命。

楼梯类型与位置的重要性

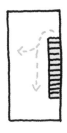

直行楼梯

• 狭长形用地的房间格局，一定要避免走廊一通到底。除去楼梯，其他空间都要有效利用。

转角楼梯

• 安全第一。
• 楼梯转台很占空间，对住房面积有一定要求。

中央楼梯

• 同一楼层，分流明确。
• 如果住宅面积小，楼梯应该成为居住空间的一部分，同时确保视野开阔。

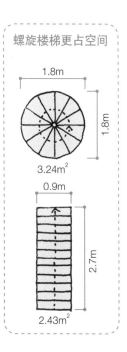

螺旋楼梯更占空间

1.8m

1.8m

3.24m²

0.9m

2.7m

2.43m²

直行楼梯

设计楼梯时还要考虑周围空间的安排，尽量减少走廊面积。

（浅草的住户）

转角楼梯

对格局的影响较小，更有利于实现LDK一体化。

（久我山的住户）

连接各空间的中央楼梯

将楼梯设计成开放式中央楼梯，自然连接起居室、厨房与餐厅。

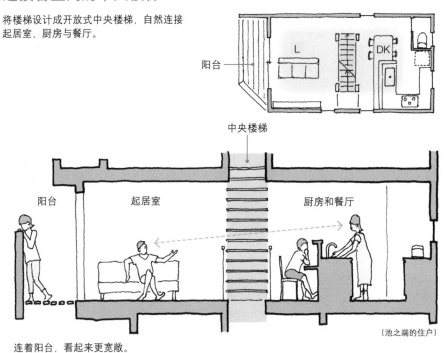

连着阳台，看起来更宽敞。

（池之端的住户）

分隔空间的中央楼梯

用中央楼梯划分功能不同的各个空间，确保各自的独立性。

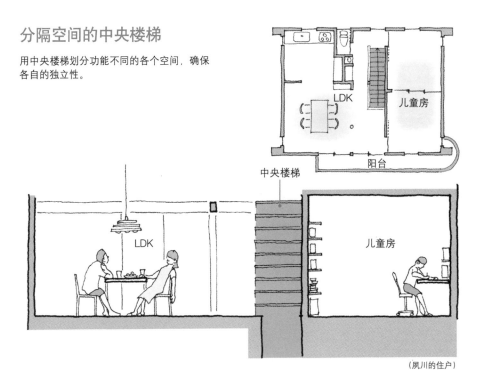

（夙川的住户）

窗户的意义

　　乍看很普通的一扇窗户，却不得不终日紧闭，拉着窗帘。这是因为"太阳光太刺眼""行人走来走去让人不安"，或者"风会把窗帘吹起来"……为了避免这些问题，有必要在设计窗户之前先想清楚窗户的意义。

和平年代的窗户

姬路城的铁炮狭间。这些被称为枪孔或箭孔的小孔，原本是为了使用步枪、弓箭而设的窗口。进入天下太平的江户时代后，这些设计大都成为景观，不再具有实用性。

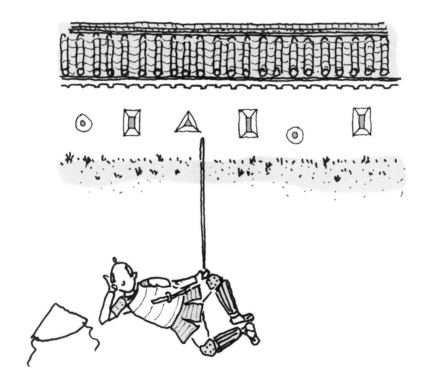

窗户的 5 大功能

①通风

可以分别从平面和断面的角度考虑通风问题，最好避免穿堂风，力求从整体考虑。

断面通风路线

平面通风路线

 ↔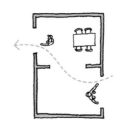

②采光

注重隐私。

普通窗户

注重隐私的窗户

调整窗户的高度和方位，将采光、通风和隐私问题一一解决。

您好！

与邻居家视线相交，不敢开窗，1 层的采光不足。

早安！

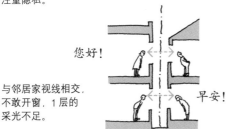 →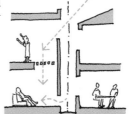

③进出口

论用途，可分为实用型与观赏型。

实用型

观赏型

与户外相连

方便扔垃圾

 ↔

④观景

近景与远景。

近景

远景

外出时，放松时。

这真是绝佳的景色啊！

 ↔

⑤确认

观察天气和外面的人。

 ↔

啪！

啊，回来了。

在柱子之间开设窗户？

窗户的构想
源于传统日式木造结构的方法。

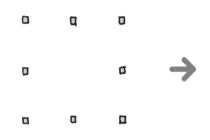

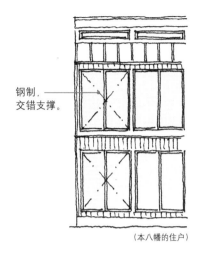

钢制，
交错支撑。

（本八幡的住户）

在墙上开凿窗户

源于西式房屋结构的方法，在日本，
城郭和仓库也用到这种方法。

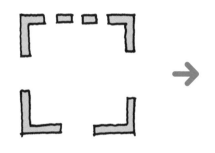

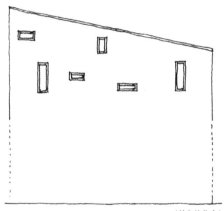

（鹤岛的住户）

利用墙壁之间的缝隙开设窗户

最常被现代建筑采用的方法。

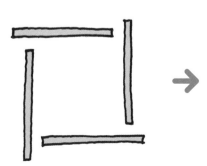

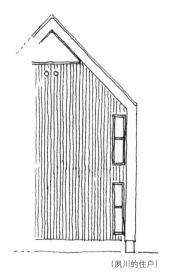

（夙川的住户）

能再亮一点吗

大屋檐在日式建筑中有着举足轻重的地位，缺点是室内大白天也阴沉、不见阳光。天窗和采光井的组合可以让久违的阳光进入室内，传统大屋檐的优点与特色也得以保留。只要变换天窗的角度与位置，就可以将直射光变为柔和的反射光，洒满整个空间，这样的设计太棒了。

天窗与采光井的组合

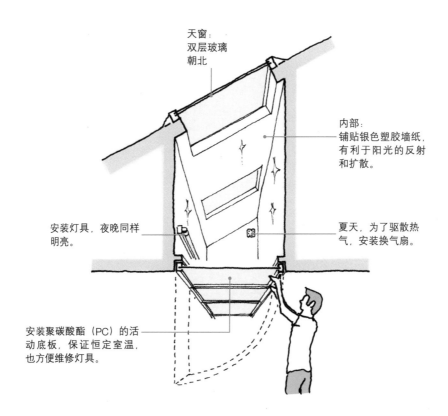

天窗：
双层玻璃
朝北

内部：
铺贴银色塑胶墙纸，
有利于阳光的反射
和扩散。

安装灯具，夜晚同样
明亮。

夏天，为了驱散热
气，安装换气扇。

安装聚碳酸酯（PC）的活
动底板，保证恒定室温，
也方便维修灯具。

在天窗处设置采光井

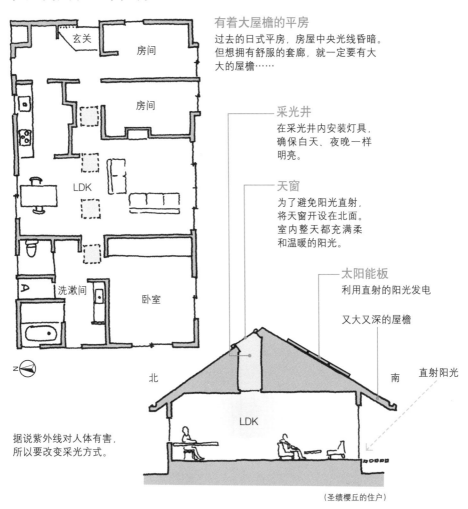

有着大屋檐的平房
过去的日式平房，房屋中央光线昏暗。但想拥有舒服的套廊，就一定要有大大的屋檐……

采光井
在采光井内安装灯具，确保白天、夜晚一样明亮。

天窗
为了避免阳光直射，将天窗开设在北面。室内整天都充满柔和温暖的阳光。

太阳能板
利用直射的阳光发电

又大又深的屋檐

直射阳光

玄关

房间

房间

LDK

洗漱间

卧室

N

北

南

LDK

据说紫外线对人体有害，所以要改变采光方式。

（圣绩樱丘的住户）

天窗到底有多亮？

据说比起开凿在侧壁的窗户，天窗的亮度是它的 3 倍！

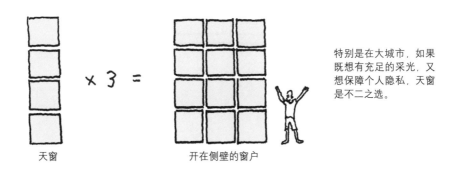

天窗   开在侧壁的窗户

特别是在大城市，如果既想有充足的采光，又想保障个人隐私，天窗是不二之选。

连接心灵的挑高空间

　　以前有个广告似乎说过，培养大人物，要让天花板高起来。虽然只是一句广告词，但在一栋住宅中，设计出错落有致的层高，的确好处很多。比如将一部分设计成挑高空间，不仅美观、视野更好，空间更开阔，还能连接上下楼层，有着承上启下的作用。

连是连着，但美中不足的是……

营造温馨的居家氛围

除了说话声和日常生活中的声响，饭菜的香味也会飘散在整个家中。

与起居室相连
不仅连接着楼下的起居室，还与对面的露台自然相连。

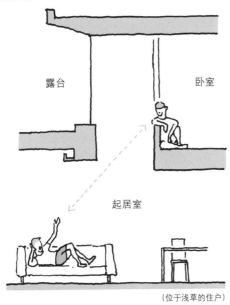

（位于浅草的住户）

与厨房相连
2 层的斜面屋顶延伸形成挑高空间，在儿童房里也能感受到妈妈的气息。

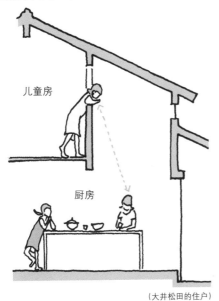

（大井松田的住户）

与餐厅相连
利用斜面屋顶仅有的空间，与楼下的餐厅相连。

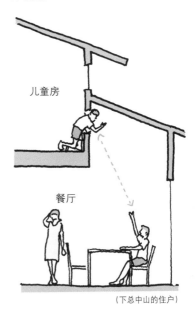

（下总中山的住户）

挑高空间很容易聚集热气和气味，别忘了装上小小的换气扇，使空气流通。

两代同住，共享还是分隔

随着"核心家庭"（三口之家）概念的出现，与父母同住的传统观念受到不小的影响。然而，近年来地价上涨、人口老龄化、养老育儿等社会问题凸显，两代同住的想法再次成为主流。

两代人（甚至三代人）生活在同一个屋檐下，在格局设计上一定要多花一些心思。

两代同住和三代同住的家庭越来越多

无论是共享型还是分隔型，同一屋檐下两代同住都充满魅力。

完全分隔型格局

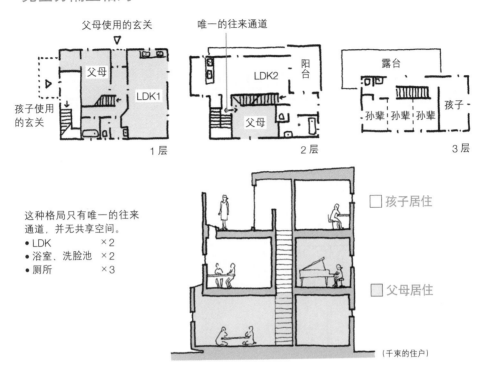

父母使用的玄关

唯一的往来通道

父母

LDK1

孩子使用的玄关

1层

LDK2

阳台

父母

2层

露台

孙辈 孙辈 孙辈 孩子

3层

这种格局只有唯一的往来通道，并无共享空间。
- LDK　　　　　×2
- 浴室、洗脸池　×2
- 厕所　　　　　×3

□ 孩子居住

□ 父母居住

（千束的住户）

部分共享型格局

父母使用的玄关

孩子使用的玄关

LDK1

父母

父母

1层

阳台

LDK2

孩子 孙辈 孙辈

2层

迷你厨房

共享空间

露台

3层

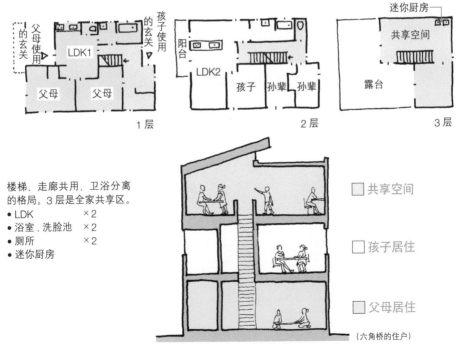

楼梯、走廊共用，卫浴分离的格局。3层是全家共享区。
- LDK　　　　　×2
- 浴室、洗脸池　×2
- 厕所　　　　　×2
- 迷你厨房

■ 共享空间

□ 孩子居住

□ 父母居住

（六角桥的住户）

断面设计，创造空间

小户型住宅首先要解决的就是空间问题。然而，无论是新房装修还是旧房翻新，只靠平面设计无法彻底解决这一难题。

让我们改变视角，大胆采用断面设计，这么一来，不仅空间问题，连采光、通风等问题也迎刃而解。

平面图不知道的事

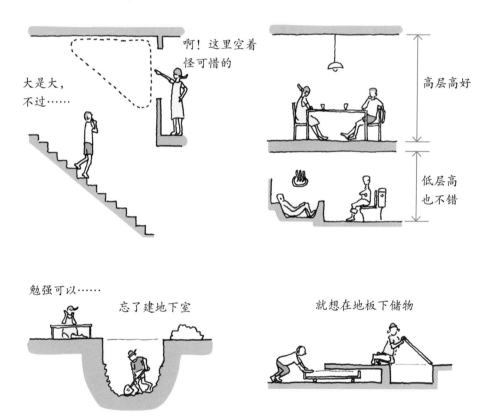

大胆采用断面设计

长屋（狭长形房屋）翻新。

翻新前
宽 2.73m 的狭长形长屋，采光差，居住环境恶劣。

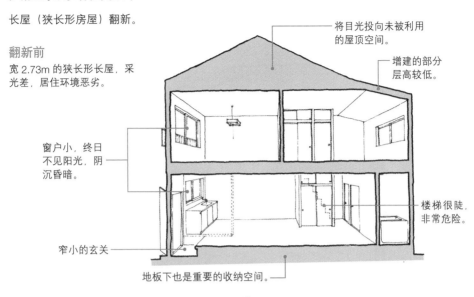

将目光投向未被利用的屋顶空间。

增建的部分层高较低。

窗户小，终日不见阳光，阴沉昏暗。

楼梯很陡，非常危险。

窄小的玄关

地板下也是重要的收纳空间。

翻新后
舍去不必要的居住面积，开发纵向空间。

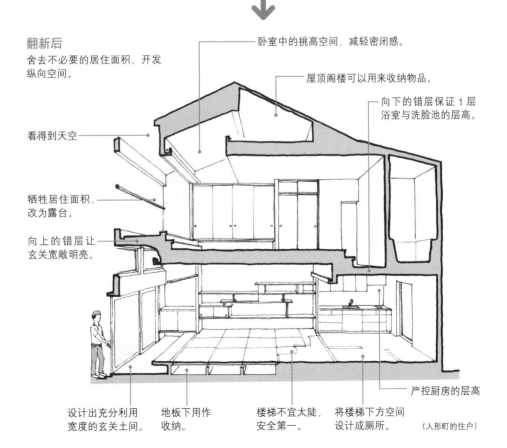

卧室中的挑高空间，减轻密闭感。

屋顶阁楼可以用来收纳物品。

向下的错层保证 1 层浴室与洗脸池的层高。

看得到天空

牺牲居住面积，改为露台。

向上的错层让玄关宽敞明亮。

严控厨房的层高

设计出充分利用宽度的玄关土间。

地板下用作收纳。

楼梯不宜太陡，安全第一。

将楼梯下方空间设计成厕所。

（人形町的住户）

不规则小户型住宅的解决方案：地下室＋跃层

占地面积仅 61m², 地形不规则, 还受到道路斜线限制……地下室＋跃层, 彻底克服三大局限。

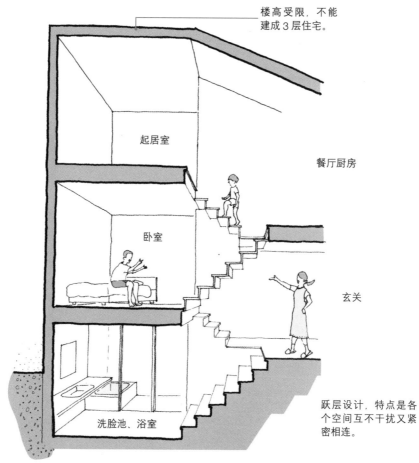

楼高受限, 不能建成 3 层住宅。

起居室

餐厅厨房

卧室

玄关

洗脸池、浴室

跃层设计, 特点是各个空间互不干扰又紧密相连。

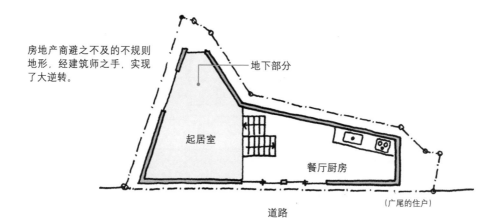

房地产商避之不及的不规则地形, 经建筑师之手, 实现了大逆转。

地下部分

起居室

餐厅厨房

道路

（广尾的住户）

第 **3** 章

外观设计

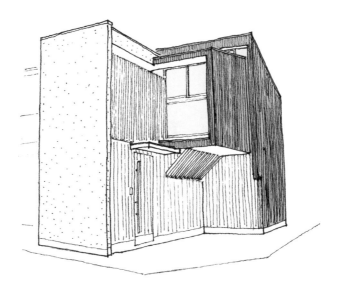

"拼装"而成的现代化居室

　　"体积"原本是一个空间概念，这里指类似积木的单个模块。看似摩登的建筑，其实就是不同模块的组合。那屋檐、檐下空间、套廊等传统的设计元素是不是就过时了呢？其实不然，合理的搭配能创造出适合本土环境的现代化居室。

"拼装"而成的现代化建筑外观

"檐下空间""露台""中庭"的诞生。

类似立方体的小平房。

小巧玲珑、经济
实用的2层建筑。

亲民、接地气的
平房。

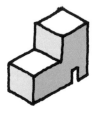

错位设计，打造
2层阳台。

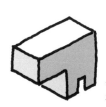

错位设计，打造
檐下空间。

嵌入设计创造
多彩空间。

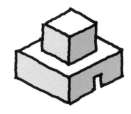

标志性外观，安全感
倍增。

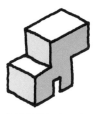

错位设计组合，产
生多彩空间。

拥有双露台的３层建筑

错位设计造就了１层的檐下空间、天窗，以及２、３层的露台。

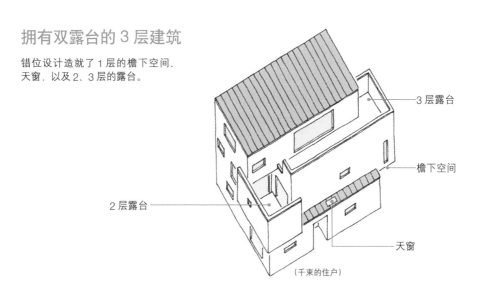

3 层露台

檐下空间

2 层露台

天窗

（千束的住户）

ㄷ字型中庭的诞生

利用３部分的落差构成ㄷ字型中庭。

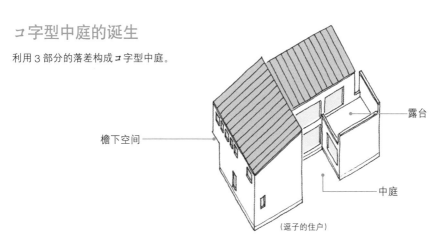

檐下空间

露台

中庭

（逗子的住户）

ロ字型中庭的诞生

2 层建筑与 1 层平房相连，围出中庭，同时通过楼梯、露台相连。

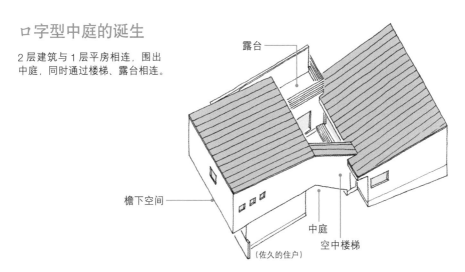

露台

檐下空间

中庭

空中楼梯

（佐久的住户）

屋顶成就和风之家

在多雨且冬季寒冷、夏季酷热的日本，屋顶在建筑中承担着重要的功能。不仅如此，日式屋顶作为一道风景线，不仅具有怀旧感，还会让人倍感安心。建筑若无法体现自身特点，终究只是一栋普通的房子。特别值得一提的是，在和风住宅中，高度的控制与水平方向的延伸一定要拿捏得精准得当。

几种可供选择的个性化屋顶

需要考虑降雨、积雪、防水防风、采光等问题。

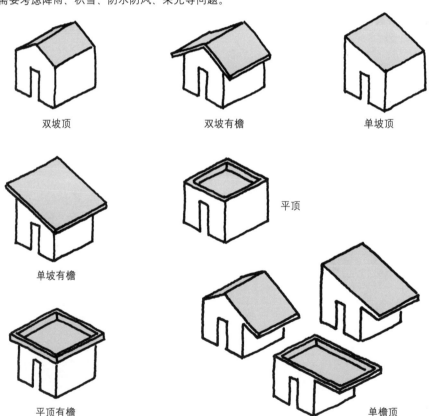

双坡顶　　　　　双坡有檐　　　　　单坡顶

单坡有檐　　　　平顶

平顶有檐　　　　　　　　　单檐顶

双坡顶主体建筑 + 双坡顶附属建筑

两幢双坡顶建筑构成住宅主体，两侧附属的双坡顶建筑是相对独立的浴室与琴房。

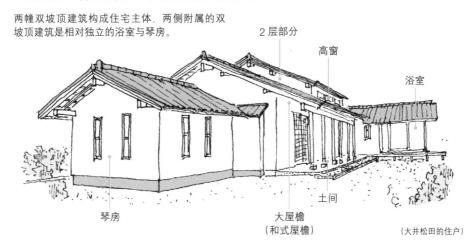

2层部分

高窗

浴室

琴房

土间

大屋檐
（和式屋檐）

（大井松田的住户）

注重水平方向的延伸

三栋双坡顶建筑重叠组合，隐隐露出高窗。

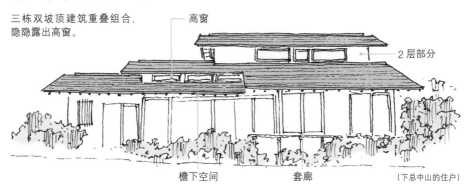

高窗

2层部分

檐下空间

套廊

（下总中山的住户）

注重山墙的歇山顶 + 双坡顶

小的歇山顶建筑后面是大的双坡顶建筑，山墙处设计有高窗。

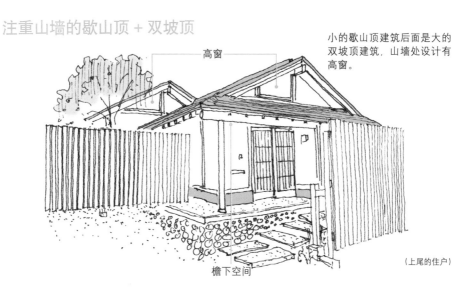

高窗

檐下空间

（上尾的住户）

用格子门窗打造现代和风建筑

　　渴望感受自然界的阳光与微风，但又担心来往行人的目光。想拥有和式外观，但用地有限，无法建造向外伸出的宽大屋檐。这时，格子门窗便可以发挥作用了。配合屋主的生活习惯和住宅的周边环境，用不同材质、不同大小的门窗，就能打造出极富个性的住宅。

用屋檐、格子门窗打造外观

要考虑采光、通风还有路人的视线！

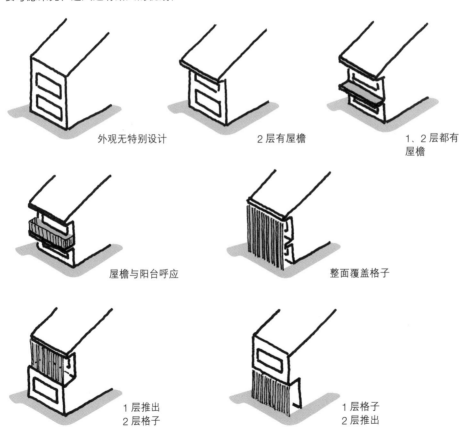

外观无特别设计　　　　2层有屋檐　　　　1、2层都有屋檐

屋檐与阳台呼应　　　　整面覆盖格子

1层推出
2层格子

1层格子
2层推出

2层格子

木材与树脂材料

若整栋3层建筑均采用混凝土外墙，会显得沉重。于是3层采用了缩回式设计，2层朝外推出的格子外墙给人以轻盈活泼的感觉，减轻了混凝土建筑常有的压抑感。

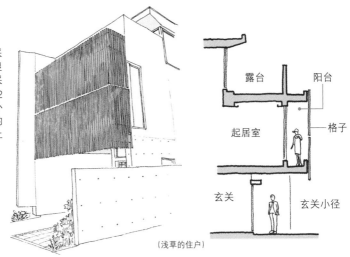

(浅草的住户)

1、2层格子

红胶木

1、2层的格子错落有致，比例恰到好处，设计非常人性化。顶部采用开放式设计，确保玄关小径的采光。

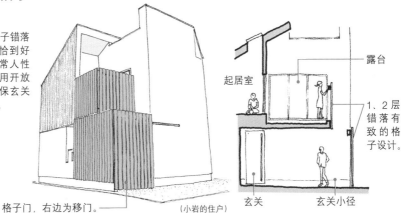

格子门，右边为移门。

(小岩的住户)

1层格子

加拿大杉木

1层的玄关小径在屋子的一侧，构成缓冲带，营造内敛深沉的怀旧外观。

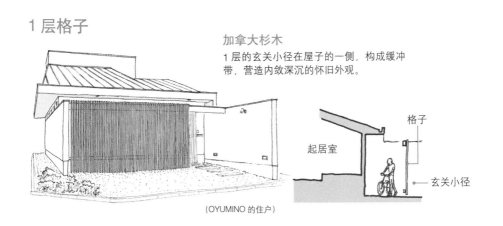

(OYUMINO 的住户)

发挥外墙材料的特性

　　在高度密集的住宅区建房，为了增加使用面积，最常见的做法就是加盖，建成2层或3层住宅。可是这么一来，外观容易显得单调，像套盒一样千篇一律。遇到这样的情况时，建议搭配使用不同的外墙材料，以创造更多可能性，各层可以作适度的区分，避免乏味。例如适当用1层的材料装饰2层外墙，或者将屋顶的材料点缀在外墙上，小小的改变就会给整栋楼的外观带来大大的不同。

组合运用各种外墙材料打造外观
需要考虑能否适应季节变化、日常维护和材料手感等问题。

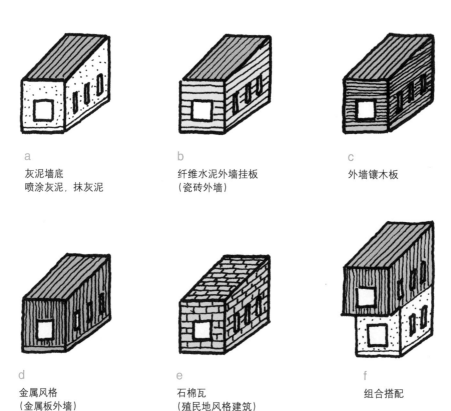

a
灰泥墙底
喷涂灰泥，抹灰泥

b
纤维水泥外墙挂板
（瓷砖外墙）

c
外墙镶木板

d
金属风格
（金属板外墙）

e
石棉瓦
（殖民地风格建筑）

f
组合搭配

b+ 混凝土

RC 造[①] + 木造结构的 3 层建筑

不同楼层采用不同的外墙材料。将 1 层的混凝土屋檐稍稍向上提升，消除单调感。

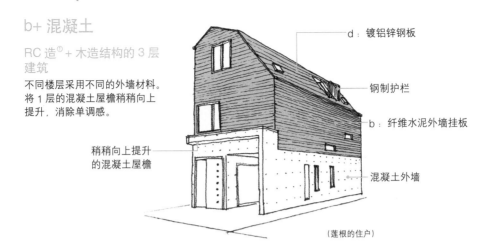

d：镀铝锌钢板

钢制护栏

b：纤维水泥外墙挂板

混凝土外墙

稍稍向上提升的混凝土屋檐

（莲根的住户）

a+e

木造 3 层建筑

为了让这栋 3 层住宅显得不那么狭小，从屋顶到 2 层的外墙统一铺设了石棉瓦，以降低整栋建筑的重心，增加体积感。

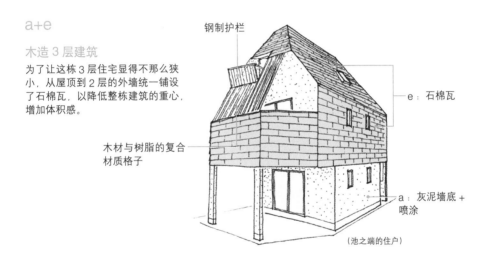

钢制护栏

e：石棉瓦

木材与树脂的复合材质格子

a：灰泥墙底 + 喷涂

（池之端的住户）

a+c+d

木造 2 层建筑

正面主体部分铺贴木材，其余部分选用耐用的钢板与合成树脂的砂浆喷塑。建筑左右部分采用了不同的外墙材料。

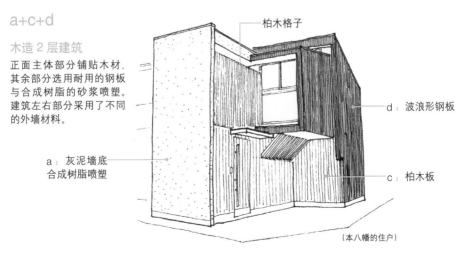

柏木格子

d：波浪形钢板

a：灰泥墙底合成树脂喷塑

c：柏木板

（本八幡的住户）

①钢筋混凝土造建筑，RC 是英文 Reinforced-Concrete 的缩写。

日式玄关，不经意的优雅

在京都，通往玄关的悠长小径被称为"露地"，往往能表现出屋主的喜好与品味。

如果您正在为住宅用地不够大感到遗憾，不如试着索性把玄关再往里挪一挪，以一种召唤客人进屋的姿态迎接他们。这么一来，不仅有了屋檐，玄关外部还被围墙环绕，这样一个内外皆非的过渡空间，反而能营造出意想不到的悠然与笃定。

移门玄关

低调、庄重的迎客玄关。

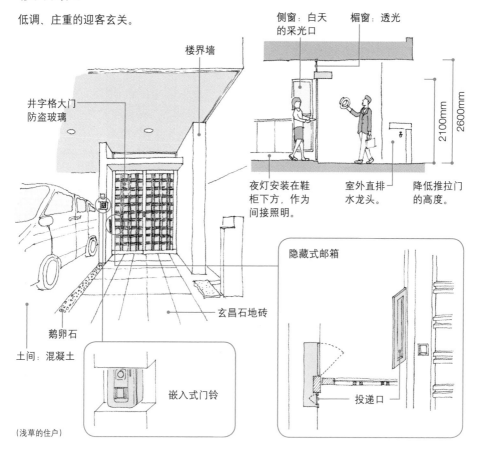

楼界墙

井字格大门
防盗玻璃

侧窗：白天的采光口

楣窗：透光

2100mm
2600mm

夜灯安装在鞋柜下方，作为间接照明。

室外直排水龙头。

降低推拉门的高度。

隐藏式邮箱

鹅卵石

土间：混凝土

玄昌石地砖

嵌入式门铃

投递口

(浅草的住户)

双门玄关

打开两扇门，宽敞的土间便与玄关
连通形成一个特别的空间。

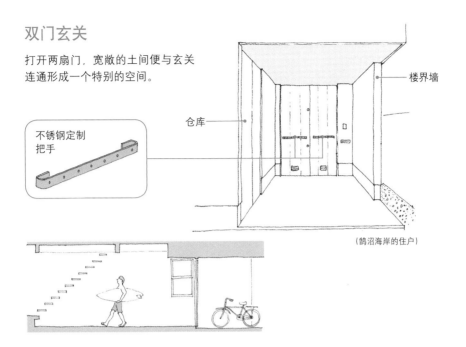

不锈钢定制
把手

楼界墙

仓库

（鹄沼海岸的住户）

单门玄关

强调纵向延伸的设计。

楼界墙

格子：玻璃纤维
瓦格栅板，白天
能采光，照亮脚
下的路。

半透明防盗玻璃，
便于观察室外的
状况，晚上可以
看到家中的灯光。

与房门相得益彰的门
把手

选择材质优良的圆
棍，配合五金配件
构成把手。

实木细圆棍

鹅卵石

地砖：特意在一侧留出空隙，
铺上鹅卵石或碎石。

300 · 300 · 300 · 300 · 300

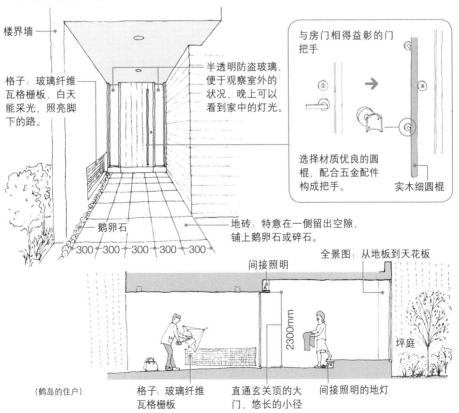

全景图：从地板到天花板

间接照明

2300mm

坪庭

（鹤岛的住户）

格子：玻璃纤维
瓦格栅板

直通玄关顶的大
门，悠长的小径

间接照明的地灯

105

不容忽视的阳台修缮

　　建造住宅时，一定要把今后的维护与设备的更换问题考虑在内。特别是阳台这样长期暴露于外的部分，木料之类的建材无论如何用心做防腐、防虫处理，也还是会老化、污损。因此阳台外墙最好尽可能选用耐用的再生复合材料。此外，尽量减少阳台与外墙的连接点，以避免雨天漏水等问题频发。

新的就一定好吗？

可以再造的阳台

与外墙连接的部分

建议选用便宜的再生材料，即便受
潮受腐蚀也无妨。

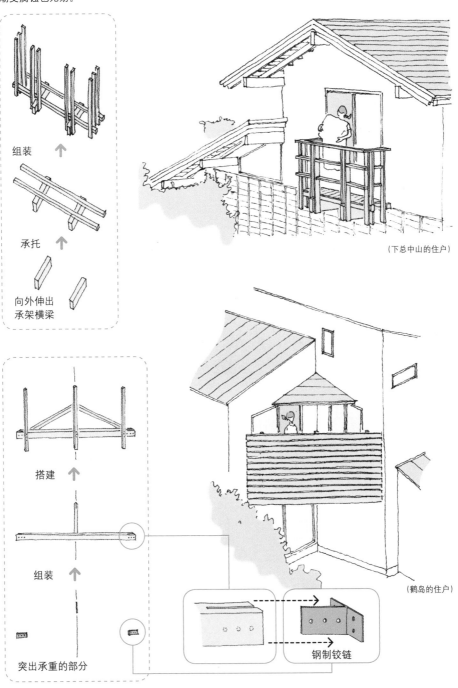

组装 ↑

承托 ↑

向外伸出
承架横梁

（下总中山的住户）

搭建 ↑

组装 ↑

突出承重的部分

钢制铰链

（鹤岛的住户）

车库也需要通风和采光

汽车，从注重性能与设计的奢侈品，变成家庭育儿和养老过程中不可或缺的工具。因此，仅是停放车辆已经满足不了人们对车库的要求，车库变成了人们日常生活的场所。我们要的不是关上卷帘门就一片漆黑的车库，采光、排放尾气、防雨等各种人性化设计都是必需的。

车库不仅用于停车

从前，车库主要用来停放爱车，那时候私家车更像是一个有趣的藏品。

如今，汽车只是一种交通工具。车库的意义变得更宽泛。

通风采光兼备的宽敞车库

虽说车库宽敞一些更好，但也要注意别建成投币式停车库那样空荡荡的。

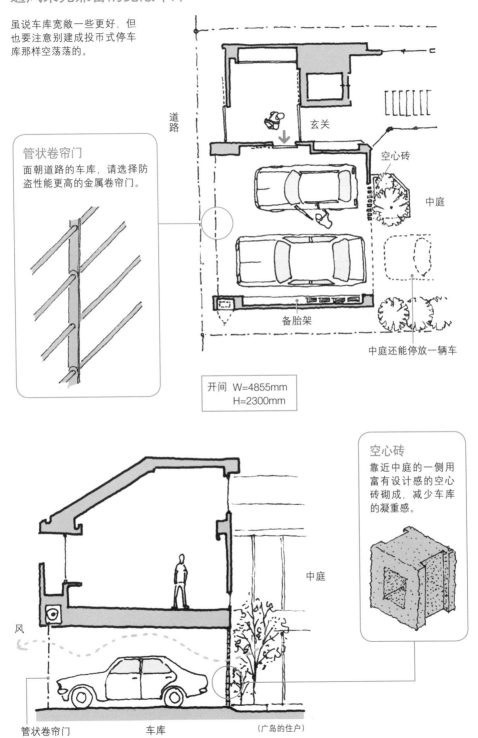

道路

玄关

空心砖

中庭

中庭还能停放一辆车

备胎架

管状卷帘门
面朝道路的车库，请选择防盗性能更高的金属卷帘门。

开间 W=4855mm
H=2300mm

空心砖
靠近中庭的一侧用富有设计感的空心砖砌成，减少车库的凝重感。

中庭

风

管状卷帘门   车库   （广岛的住户）

小空间，大构思

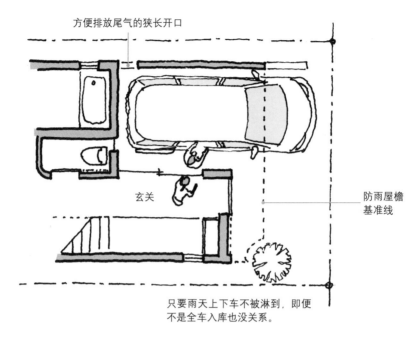

方便排放尾气的狭长开口

防雨屋檐
基准线

玄关

只要雨天上下车不被淋到，即便
不是全车入库也没关系。

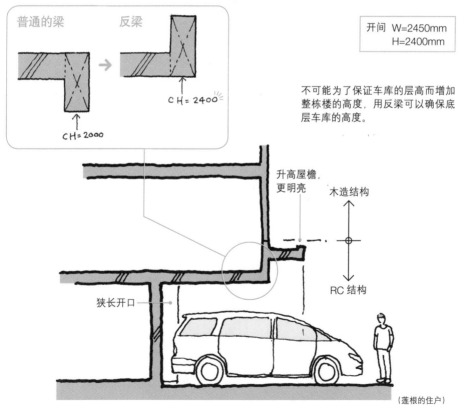

普通的梁　　　　反梁

CH＝2000

CH＝2400

开间　W＝2450mm
　　　H＝2400mm

不可能为了保证车库的层高而增加
整栋楼的高度，用反梁可以确保底
层车库的高度。

升高屋檐，
更明亮

木造结构

RC 结构

狭长开口

（莲根的住户）

第 4 章

收纳整齐的秘诀

玄关收纳，不只需要放鞋柜！

众所周知，日本人家里最多的就是餐具和厨具。另外，鞋也很多。还有家庭成员的日常穿着，加上雨具、婴儿车、高尔夫用具，等等，根本无法全部堆放在室内。

因此，除了鞋柜，兼作衣帽间、收纳杂物的综合性玄关就成了主流。

衣帽间式的玄关①

活用 65cm 的深度，打造开放式衣帽间

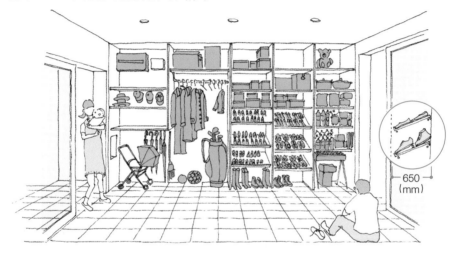

650
(mm)

种类 × 人数 =……
大小不一，数量繁多

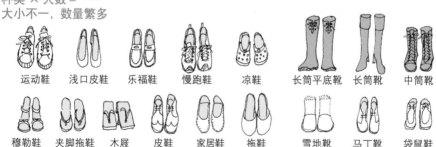

| 运动鞋 | 浅口皮鞋 | 乐福鞋 | 慢跑鞋 | 凉鞋 | 长筒平底靴 | 长筒靴 | 中筒靴 |

| 穆勒鞋 | 夹脚拖鞋 | 木屐 | 皮鞋 | 家居鞋 | 拖鞋 | 雪地靴 | 马丁靴 | 袋鼠鞋 |

①可以称为衣帽间、鞋帽间、更衣间和土间收纳，等等。

与玄关土间相连的衣帽间

在保证玄关土间面积的基础上，增设收纳间。如果能设计成双向进出就更完美了。

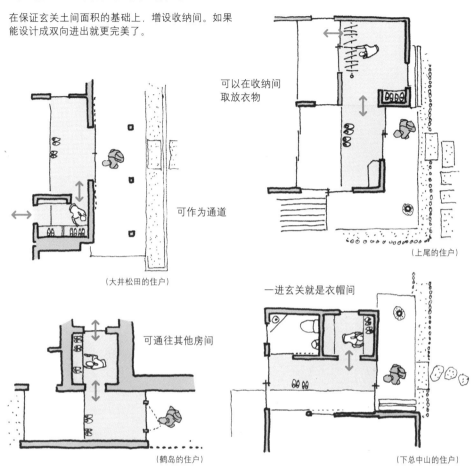

可以在收纳间取放衣物

可作为通道

（大井松田的住户）

（上尾的住户）

可通往其他房间

一进玄关就是衣帽间

（鹤岛的住户）

（下总中山的住户）

一上台阶就是收纳区

不只是摆放换下的鞋，如果还想收纳衣物，可以设计成收纳玄关。

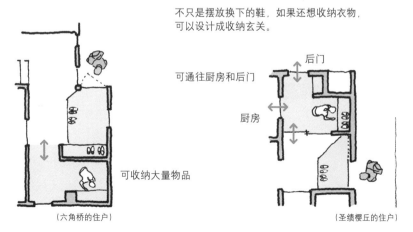

可通往厨房和后门

后门

厨房

可收纳大量物品

（六角桥的住户）

（圣绩樱丘的住户）

储藏间一目了然是关键

随着防灾意识的提高，过去象征和平与富足的储藏间的作用已经不仅是在灾害中供给食物。这些食品不是摆设，应该时刻关注它们的保质期，经常替换。因此，储藏间的格局必须一目了然，方便查找。此外，采光与通风问题也不容忽视。

食品 + 防灾物资 = 储藏间

储备的食物同样有保质期，最好的办法是一边吃一边储备。

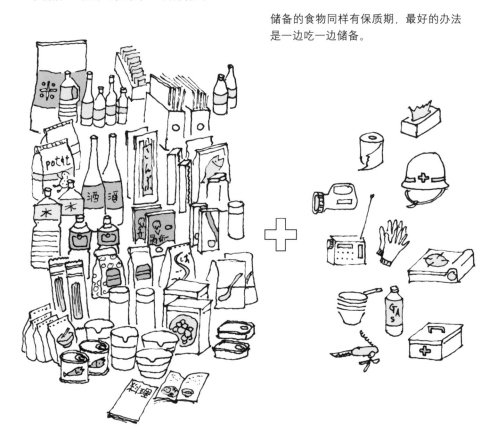

楼梯下方的储藏间

利用楼梯下方空间，而且可以直接通往
后门。

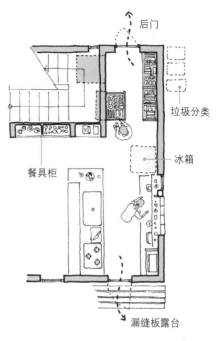

后门

垃圾分类

冰箱

餐具柜

漏缝板露台

楼梯转台下方的区域设计成抽屉式收纳。
(鹤岛的住户)

两侧都可以使用的储藏间

可供厨房与餐厅同时使用的备餐间。既是餐具
柜又是食品柜，顶部开放能兼顾采光和通风。

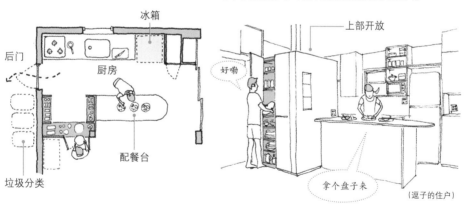

冰箱

后门

厨房

配餐台

垃圾分类

上部开放

好嘞

拿个盘子来

(逗子的住户)

走廊式备餐间

通往后门和仓储的必经
之路，相当于走廊式储
藏间。

料理台下方可以自由使用

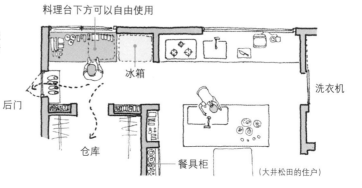

冰箱

洗衣机

后门

仓库

餐具柜

(大井松田的住户)

衣帽间也需要通风和采光

衣帽间的作用等同于衣柜，设计不当的衣帽间会黑漆漆的，拿取衣物很不方便。就算采取了防蛀虫措施，通风问题一样不容忽视。此外，还要保证基本的采光。

关于衣帽间的位置，是设计在卧室内还是卧室门口，取决于每家人的生活习惯和空间。

衣帽间万万不可堆成小山

到底在哪儿！

跑去哪里啦？

卧室入口的衣帽间

通往卧室的必经之路，作为过渡空间，还兼有保障隐私的功能。

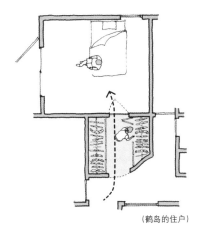

（鹤岛的住户）

顶部采用开放式设计，确保通风与采光。

灯笼型衣帽间

由半透明建材与实木格子构成。可以为卧室带去一丝光亮。

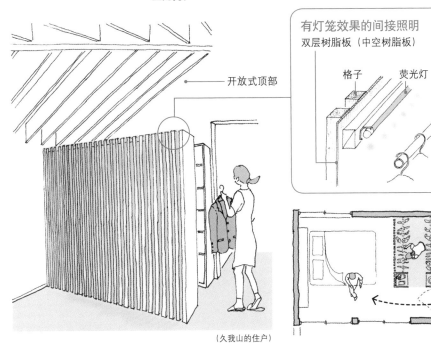

开放式顶部

有灯笼效果的间接照明
双层树脂板（中空树脂板）

格子　荧光灯

（久我山的住户）

117

壁橱，绝妙的大容量储物空间

只要有 45cm 左右的深度就能放下很多物品，我们可以把一整面墙全部设计成壁橱，用来储物。为了看起来不呆板，可以将底部悬空，这样做的另外一个好处，是让空间看起来更宽敞。此外，壁橱门要尽量连续、平整，弱化存在感。

长度决定一切的壁橱

悬空式壁橱，下方留出用于采光和通风的"窗口"，打开柜门，
所有物品一目了然，非常方便。

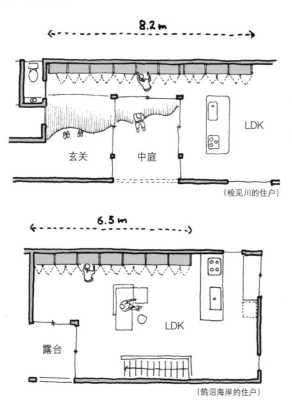

118

从玄关到 LDK 的 8.2m

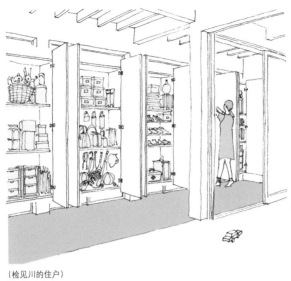

（检见川的住户）

从玄关到 LDK 的衣帽间，像走廊一样。面向中庭，还可以一边整理一边欣赏风景，保持好心情。

LDK 的 6.3m

（鹄沼海岸的住户）

通常，我们会在卧室加个衣帽间或壁柜，其实 LDK 同样需要收纳空间。生活中，随时会多出各种杂物，一定要有地方存放它们。

119

卫浴收纳只需一扇移门

将日用品都摆放出来最方便，但有一些私人物品，家里有客人来或想换个心情时，不希望被看到。这时候，可以用一扇移门将那些比较隐私的物品遮挡一下。如果再放一些装饰品，就更有情趣了。

一扇移门，成就一个洗脸空间

一扇移门隔出两个空间。与其说是为了客人而设计，还不如说是为了在日常生活中随时转换心情。

分电表

牙刷、
牙膏、
面霜、
化妆水、
面巾纸、
洗涤剂、
肥皂……

观叶植物

海豚小
摆件

漂亮的瓶
装化妆品

干净的
毛巾

不想被看到的日用品放在左边。

小摆设或整齐的用品放在右边。

（鹄沼海岸的住户）

一扇移门，成就一个洗手间

"欲盖弥彰"的收纳方法太多了，报刊栏是你没想到的吧？

可以展示的物品

不想被看到的物品

管线

清扫用品

卷纸

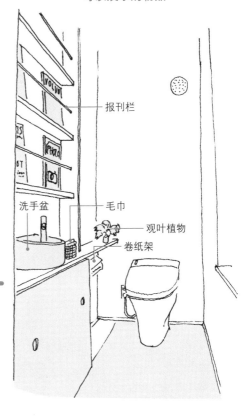

报刊栏

洗手盆

毛巾

观叶植物

卷纸架

收纳

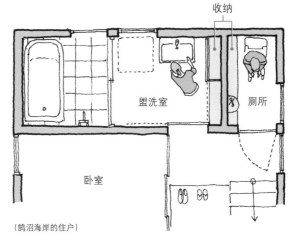

有条不紊，各就各位才是最好的！

盥洗室

厕所

卧室

(鹄沼海岸的住户)

高低差，赢得抽屉式收纳空间

2 叠或 3 叠就够了，可以在这里打盹儿或小憩。只不过，高低差设计最忌讳距离感，注意营造随意、亲切的居家氛围。此外，高低差下方可用作储物空间，LDK 中放不下的东西都有了去处，这里的收纳空间大得惊人。

1 层 LDK 旁的 6 叠空间

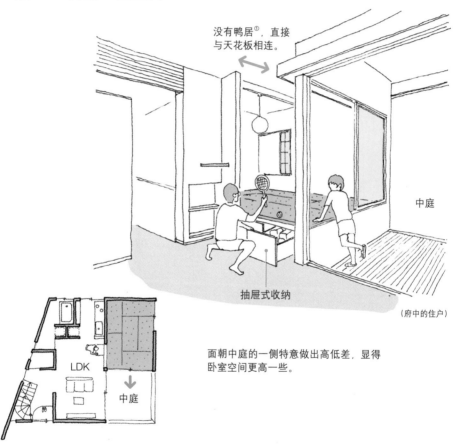

没有鸭居①，直接与天花板相连。

中庭

抽屉式收纳

（府中的住户）

面朝中庭的一侧特意做出高低差，显得卧室空间更高一些。

LDK

中庭

①上方的拉门框。

2 层 LDK 旁的 2.75 叠空间

榻榻米连着露台，设计中的回游性不容忽视。

铺木露台

LDK

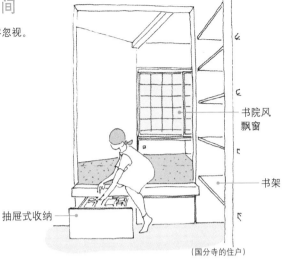

书院风飘窗

书架

抽屉式收纳

（国分寺的住户）

1 层 LDK 旁的 2 叠空间

虽然只有 2 叠，但周围铺着木板，可以灵活使用。
这里算不上一个房间，只是加高的一个角落。

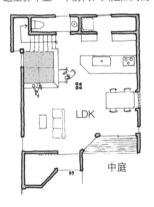

LDK

中庭

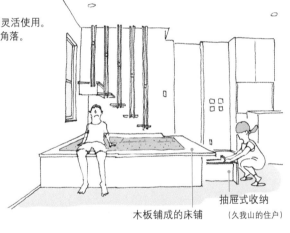

木板铺成的床铺

抽屉式收纳

（久我山的住户）

2 层 LDK 旁的 3 叠空间

可以在这里给孩子换尿布，哄他
们午睡，是一个实用的育儿空间。

铺木露台

LDK

适合墙壁厚
度的装饰架

铺木露台

翻盖式收纳箱

（小岩的住户）

鬼脚图式的书架

如果把书架设计成和图书馆、书店的一样，家里一定会显得很沉闷。住宅里的书架，千万不要囿于传统观念，可以借鉴鬼脚图的原理。根据书籍或物品的尺寸和特点量身定制，设计成深浅不一、高低错落、变化多样的组合形式。

千篇一律的书架，我才不要!

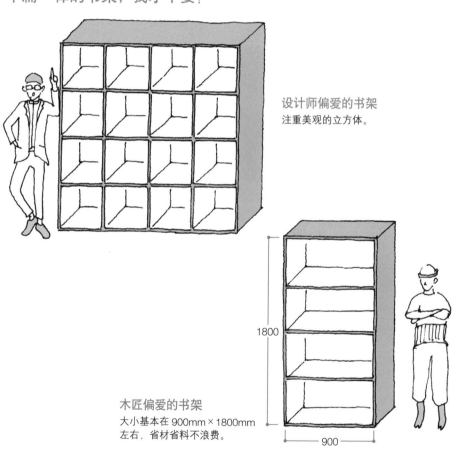

设计师偏爱的书架
注重美观的立方体。

1800

木匠偏爱的书架
大小基本在 900mm×1800mm
左右，省材省料不浪费。

900

书架也要量体裁衣！

横向延伸的书架

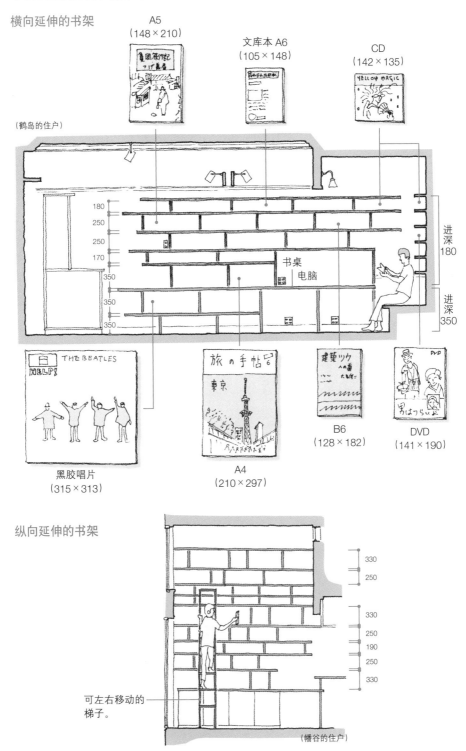

A5
（148×210）

文库本 A6
（105×148）

CD
（142×135）

（鹤岛的住户）

180
250
250
170
350
350
350

书桌
电脑

进深
180

进深
350

THE BEATLES
HELP!

黑胶唱片
（315×313）

A4
（210×297）

B6
（128×182）

DVD
（141×190）

纵向延伸的书架

330
250

330
250
190
250
330

可左右移动的
梯子。

（幡谷的住户）

125

小开本的书放在楼梯旁

楼梯踏板延伸而成
的书架

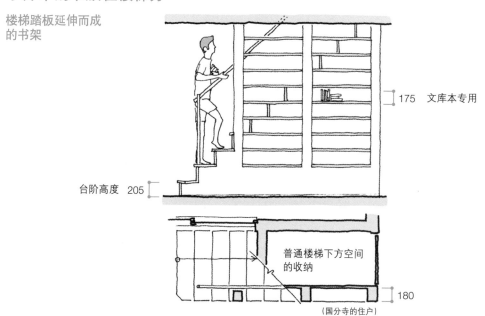

175　文库本专用

台阶高度　205

普通楼梯下方空间
的收纳

180

（国分寺的住户）

A5 开本都能放的
钢铁书架

踏板：水曲柳合成板
t=30

钢：扁钢 t=6mm
コ字型加工

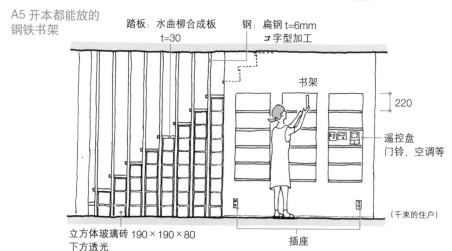

书架

220

遥控盘
门铃、空调等

（千束的住户）

立方体玻璃砖 190×190×80
下方透光

插座

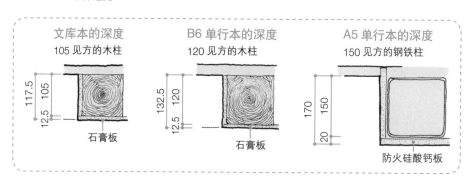

文库本的深度
105 见方的木柱

117.5　105
12.5
石膏板

B6 单行本的深度
120 见方的木柱

132.5　120
12.5
石膏板

A5 单行本的深度
150 见方的钢铁柱

170　150
20
防火硅酸钙板

第 5 章

讲究细节的方法

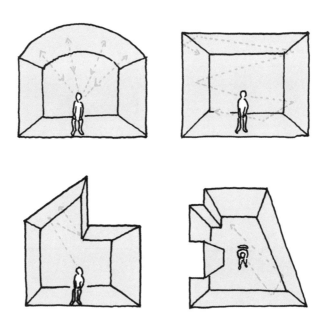

地台，体现整体形象！

在日本，为了让地板下方也能保持通风，通常会从玄关开始搭建地台。地板下一般会预先铺一层混凝土地基，这样有利于通风换气。地台的高度可以根据个人喜好决定。

可以说家中的地台最能看出房主的设计理念。是注重格调还是功能性，选择权完全属于你！

地台的高度展现了家的格调

选择权属于你。

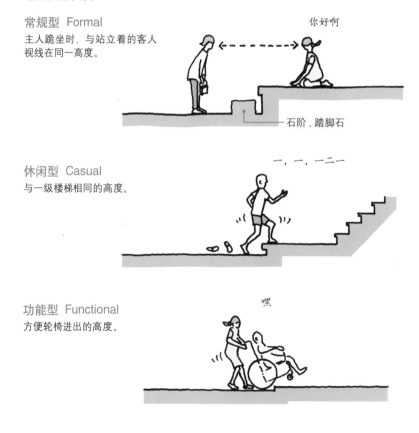

常规型 Formal
主人跪坐时，与站立着的客人视线在同一高度。

你好啊

石阶 . 踏脚石

休闲型 Casual
与一级楼梯相同的高度。

一，一，一二一

功能型 Functional
方便轮椅进出的高度。

嘿

常规型 Formal

传统高度，可以在此小坐。

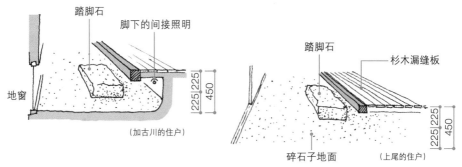

踏脚石
脚下的间接照明
地窗
（加古川的住户）

踏脚石
杉木漏缝板
碎石子地面
（上尾的住户）

石阶与踏脚石是设计亮点。

休闲型 Casual

接近土间地面的高度　　　　　　　　一级台阶的高度

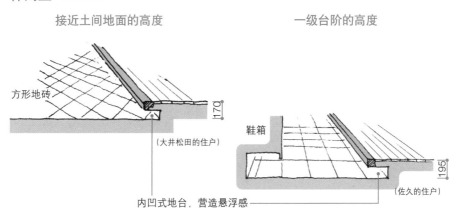

方形地砖
（大井松田的住户）

内凹式地台，营造悬浮感

鞋箱
（佐久的住户）

功能型 Functional

方便轮椅进出的高度　　　　　面积小或是受到高度限制，地台相对较低

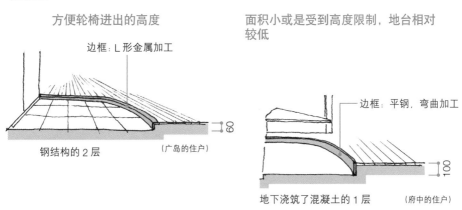

边框：L形金属加工
钢结构的2层
（广岛的住户）

边框：平钢，弯曲加工
地下浇筑了混凝土的1层
（府中的住户）

金属边框可弯曲造型

使用时才体会到真正价值的移门

　　移门一度被认为已经过时，大家更喜欢西式的平开门。然而，随着时间的推移，移门重新回归，因为它方便、随意又不占空间。只有"拉开移门"时才能发现它在生活中的真正价值。在现代住宅设计中，没有鸭居和敷居^①已经习以为常，仅靠一扇移门的设计理念也将被大家慢慢接受。

移门，无法取代的轻巧

设计是什么？空间的本质又指什么？我们设计的是住宅而非商业建筑。
因此，以前那些装饰过度的门是时候退出了……

①上下两扇拉门、拉窗等之间带槽的横木，也可以指门槛。

各类移门

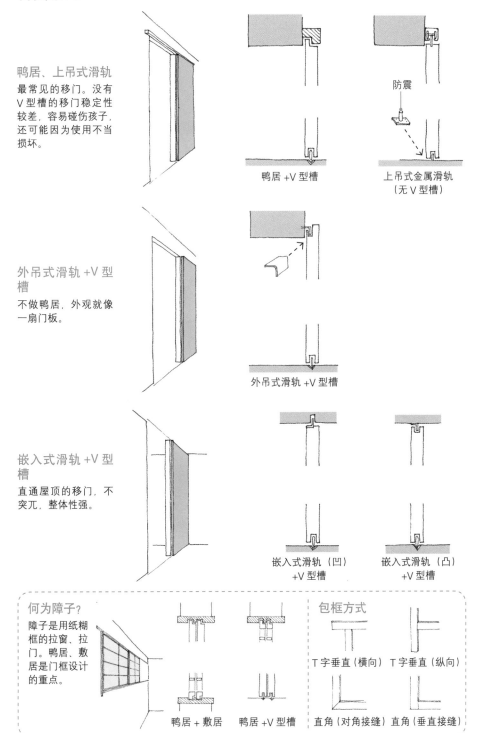

鸭居、上吊式滑轨
最常见的移门。没有V型槽的移门稳定性较差，容易碰伤孩子，还可能因为使用不当损坏。

鸭居 +V 型槽

防震

上吊式金属滑轨
（无 V 型槽）

外吊式滑轨 +V 型槽
不做鸭居，外观就像一扇门板。

外吊式滑轨 +V 型槽

嵌入式滑轨 +V 型槽
直通屋顶的移门，不突兀，整体性强。

嵌入式滑轨（凹）
+V 型槽

嵌入式滑轨（凸）
+V 型槽

何为障子？
障子是用纸糊框的拉窗、拉门。鸭居、敷居是门框设计的重点。

鸭居 + 敷居　　鸭居 +V 型槽

包框方式

T 字垂直（横向）　T 字垂直（纵向）

直角（对角接缝）　直角（垂直接缝）

障子是落地窗的最佳搭档

落地窗既能避免阳光直射、隔热，又能确保必要的个人隐私。

窗帘具有不可或缺的重要作用，除了布帘、卷帘、百叶窗之外，别忘了还有障子。

如果能摒弃障子等于和风设计、要搭配榻榻米的固化思维，着眼于障子的功能性和设计自由度，即可打造出舒适的生活氛围。

窗户设计，障子也可以参与

每种形式优缺点各异，房间的视觉效果也截然不同。

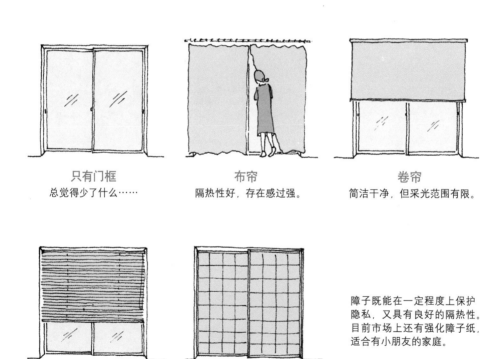

只有门框
总觉得少了什么……

布帘
隔热性好，存在感过强。

卷帘
简洁干净，但采光范围有限。

百叶窗
可以调节光线，但容易被孩子弄坏。

障子

障子既能在一定程度上保护隐私，又具有良好的隔热性。目前市场上还有强化障子纸，适合有小朋友的家庭。

障子也适合现代设计

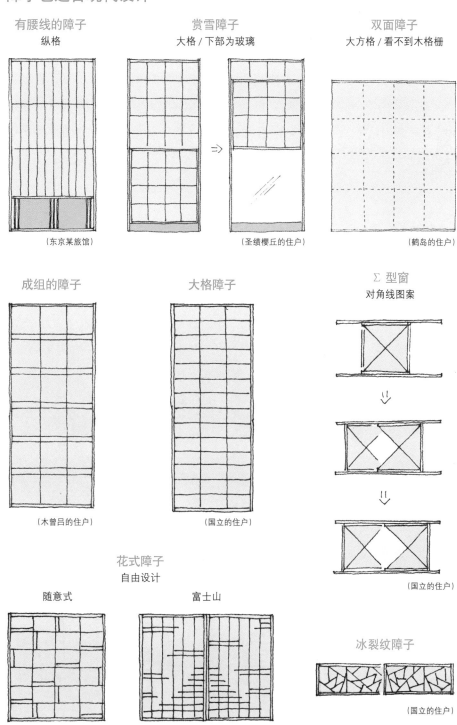

有腰线的障子
纵格

（东京某旅馆）

赏雪障子
大格 / 下部为玻璃

⇒

（圣绩樱丘的住户）

双面障子
大方格 / 看不到木格栅

（鹤岛的住户）

成组的障子

（木曽吕的住户）

大格障子

（国立的住户）

Σ 型窗
对角线图案

⇩

⇩

（国立的住户）

花式障子
自由设计

随意式

（东京某旅馆）

富士山

（东京某旅馆）

冰裂纹障子

（国立的住户）

格调高雅的壁龛

关于壁龛的起源，一说是源于上段之间①，即古代君主落坐的位置，底座比家臣的座位略高。如今有格调的壁龛中会铺一层榻榻米。

壁龛本身有一定深度，可以创造出一个别样空间。白天，光线透过墨迹窗②进入室内，浓淡不一，有深有浅；夜晚，壁龛两侧及上方的间接照明让这个空间像纸灯笼一样，有一种悬浮感。

壁龛的起源

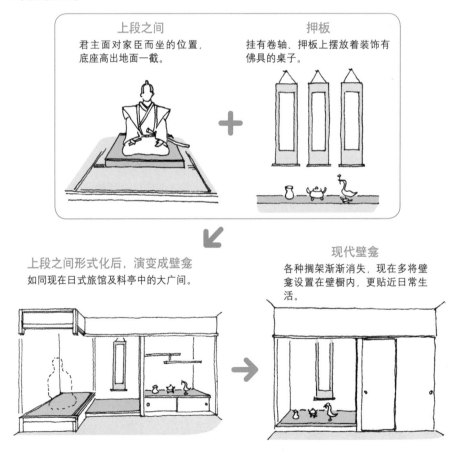

上段之间
君主面对家臣而坐的位置，底座高出地面一截。

押板
挂有卷轴、押板上摆放着装饰有佛具的桌子。

上段之间形式化后，演变成壁龛
如同现在日式旅馆及料亭中的大广间。

现代壁龛
各种搁架渐渐消失，现在多将壁龛设置在壁橱内，更贴近日常生活。

①上座。
②壁龛侧面的小窗。间接照明来自于外面投射入内的光线。

从茶室风到现代风

8 叠京间

传统元素叠加，构
成格调高雅的壁龛。

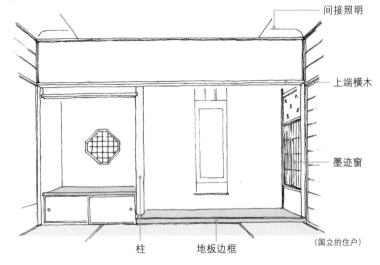

间接照明

上端横木

墨迹窗

柱　　地板边框

（国立的住户）

8 叠江户间

起居室中的壁龛，加装了空
调和壁橱，富有浓郁的生活
气息。

亲子格子
宽窄不同的
格子相互交
错，更具表
现力，却不
张扬。

24 1C12

24

格子（空调）　　壁橱通风口

壁橱

下部开放

墨迹窗

（下总中山的住户）

4 叠半江户间

采用了间接照明和新型建材聚碳酸酯的现
代化壁龛。

聚碳酸酯建材

上部开放
间接照明

墨迹窗

壁橱

无包边正方形榻榻米　下部开放间接照明

（逗子的住户）

4 叠半江户间

重心较低，打造稳重
的壁龛。

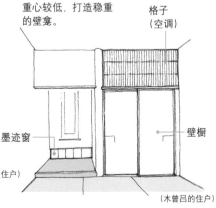

格子
（空调）

墨迹窗

壁橱

（木曽吕的住户）

135

富有生活气息的壁龛

押板上方不但可以挂卷轴，还可以摆放室町时代的三大佛具——香炉、花瓶、烛台，以及文房四宝、琵琶等。其实，壁龛也可看作用来摆放房主钟爱的收藏品的空间。四季盆栽、照片、画作等都能摆放于此，打造出一个富有生活气息的空间。

随心所欲的摆设

押板与三大佛具

押板

花瓶　香炉　烛台

根据季节和心情摆放喜欢的饰品……

200
(mm)

深度：0mm~48mm

宽 3.7m，深 33cm
运用现代建材设计的壁龛，
给人柔和、宁静的感觉。

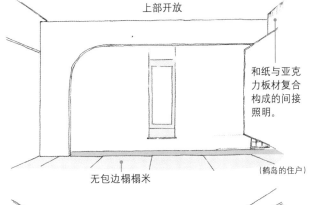

上部开放

和纸与亚克力板材复合构成的间接照明。

无包边榻榻米

(鹤岛的住户)

宽 3.5m，深 28cm
正对大厅的是三幅并排挂着的卷轴。

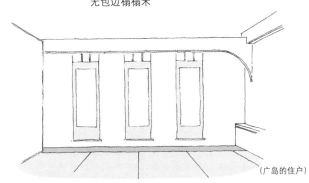

(广岛的住户)

宽 1.85m，深 48cm
模仿银阁寺东求堂的同仁斋。确切地说，这里更像书斋。

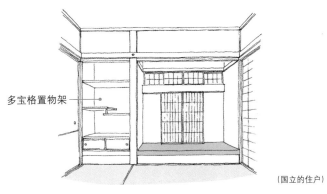

多宝格置物架

(国立的住户)

深度为 0cm
墙壁上方饰有幕板，构成了一种被称为"织部床"的壁龛形式。

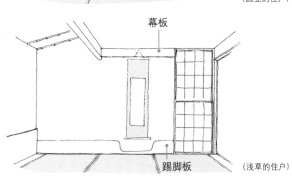

幕板

踢脚板

(浅草的住户)

本色天花板的魅力

　　有些住宅在设计上会选择还原本色天花板，不加任何修饰，让房屋的骨架真实地展现于眼前。原本这些部分是需要隐藏起来的，要大方地展露在外可是一项挑战。不过，这样做也有不少好处，比如增加空间高度、节省装修费用。当然，这对照明设计有很高的要求。

梁、柱外露未尝不可

双坡顶梁柱
要展现房屋的构架之美，高窗必不可少。有一种类似宗教空间的崇高感。

高窗

（夙川的住户）

HP 薄壳①天花板结构

房顶朝南倾斜，冬至前后，阳光会透过高窗直射入屋内。

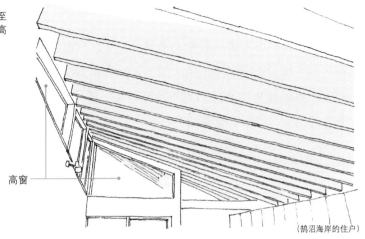

高窗

(鹄沼海岸的住户)

剪刀梁

剪刀梁表现出了连续性和律动感。

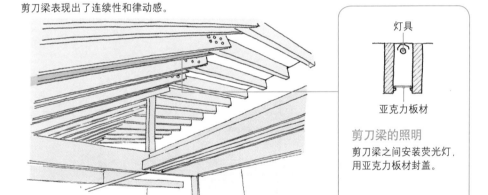

(蕨的住户)

灯具

亚克力板材

剪刀梁的照明
剪刀梁之间安装荧光灯，用亚克力板材封盖。

2 层的地板格栅

不仅是天花板，2 层的地板格栅也可以做成开放式设计。

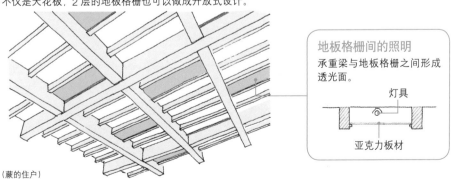

(蕨的住户)

地板格栅间的照明
承重梁与地板格栅之间形成透光面。

灯具

亚克力板材

①Hyperbolic Paraboloid Shell：双曲抛物面薄壳。

旧木新用，再现经年之美

人们喜欢用旧木装点居室，不只是因为它别有韵味，更重要的是，经过长年自然干燥后，旧木远比新木结实，适合作为承重材料。在新居中灵活运用旧木，可以打造出意想不到的绝妙效果。此外，用手斧来加工新的圆木，也能呈现出类似旧木的视觉效果。

活用旧木，感受其中的生命力

旧方木
LDK 是一个家的中心，选用了旧方木作为梁柱。
天花板不需要吊顶，打造出随性慵懒的生活空间。

（上屋的住户）

旧圆木

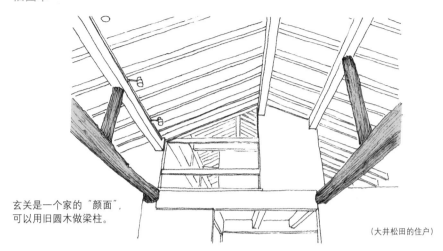

玄关是一个家的"颜面"，
可以用旧圆木做梁柱。

（大井松田的住户）

鼓状截面的新木

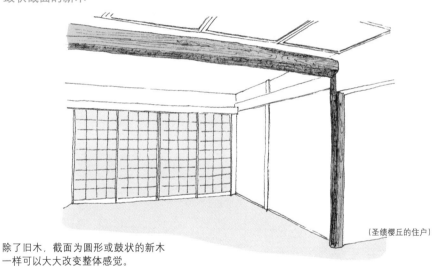

（圣绩樱丘的住户）

除了旧木，截面为圆形或鼓状的新木
一样可以大大改变整体感觉。

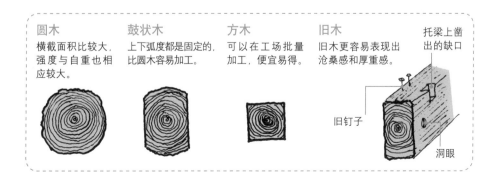

圆木
横截面积比较大，强度与自重也相应较大。

鼓状木
上下弧度都是固定的，比圆木容易加工。

方木
可以在工场批量加工，便宜易得。

旧木
旧木更容易表现出沧桑感和厚重感。

托梁上凿出的缺口

旧钉子

洞眼

长凳代表着一种闲适的生活

　　注意啦，请大家不要随便躺在公共场所的长凳上休息，可是话又说回来，见到长凳还真的有一种想躺上去的冲动。人们常常教育孩子，坐在餐桌边要专心吃饭，吃完就离开"椅子"。"椅子"听上去就让人感觉挺拘束的，而长凳就随意又慵懒，这大概就是它吸引人的原因吧。

随心所欲零束缚

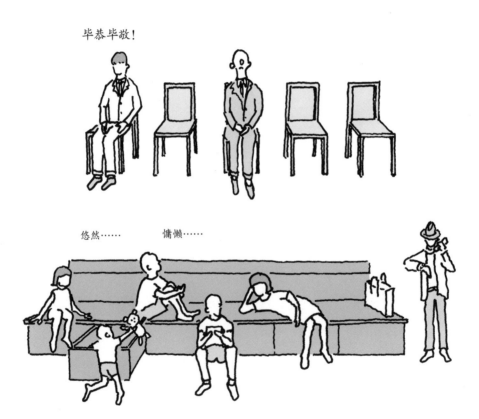

长凳好像时刻在召唤人过来

长凳
茶室的露天庭院里一定
会有供人休息小坐的长
凳。和风住宅沿袭了这
一传统，会在玄关旁摆
上一张长凳。

（上屋的住户）

杉木板与竹子的组合

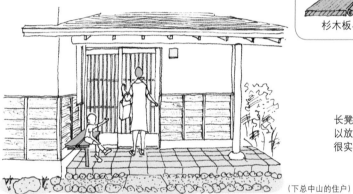

长凳不只是摆设，还可
以放东西或小坐片刻，
很实用。

（下总中山的住户）

带收纳抽屉的长凳
不仅可以坐在上面，坐
在地上时还能倚靠。

（上尾的住户）

具有收纳功能的长凳
LDK 中最重要的收
纳空间。

（逗子的住户）

锦上添花的镜子

在公共场合照镜子会让人不好意思，在家就不用顾忌了。全身镜可以安装在柜门内侧、玄关墙壁上，市售的三面镜收纳柜可以安装在盥洗室，用起来很方便。镜子能增加室内的空间感，还能让人了解身后的状况，就像是"另一扇窗"。

适合摇滚青年的镜子

面对粗犷的摇滚青年，要保护镜子就靠钢管横栏和 L 型角钢了。

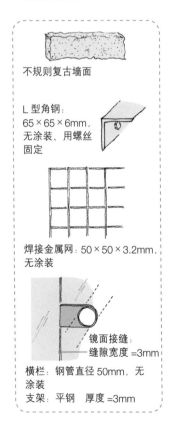

不规则复古墙面

L 型角钢：
65×65×6mm，
无涂装、用螺丝
固定

焊接金属网：50×50×3.2mm，
无涂装

镜面接缝
缝隙宽度 =3mm

横栏：钢管直径 50mm，无涂装

支架：平钢 厚度 =3mm

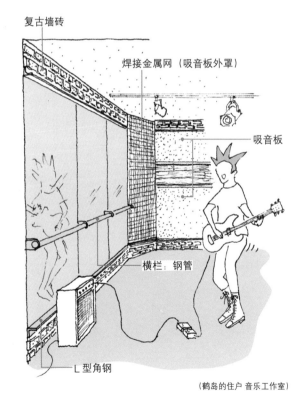

复古墙砖

焊接金属网（吸音板外罩）

吸音板

横栏：钢管

L 型角钢

（鹤岛的住户 音乐工作室）

镜子可当作一种墙体装饰材料

贯通墙面的镜子

从地面延伸至天花板的全身镜。安装在朝向中庭的明亮处，让室内看起来更宽敞。
w=500mm
h=2400mm

推拉镜面收纳柜

三面梳妆镜太复杂，可以推拉的镜子简洁又方便。

（鹤岛的住户）

石膏板	墙面与镜面合二为一

泥墙　　　镜面

灵活运用

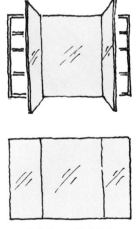

市售的三面镜收纳柜

挂一面像是艺术品般的镜子（樱井由美子作）。

恰到好处的楼梯扶手

最安全的扶手往往看似普通，有一些会采用防滑性一流的橡胶，或使用亮眼的红色。住宅中的建筑线条大多是水平或垂直方向的，将扶手处理成斜线造型并不会产生不和谐感。

在确保安全的前提下，设计合理、造型和谐的扶手符合大部分家庭的诉求。

安全第一，手感第二

考究的扶手设计
在钢筋支柱上包上竹片，用铜丝固定，扶手格窗上还雕刻有梅花。

弧形设计
将平钢条弯曲造型，手会接触到的部分加装实木条。

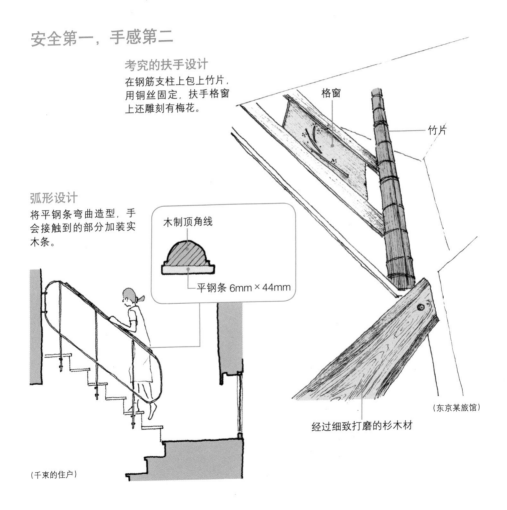

格窗

竹片

木制顶角线

平钢条 6mm×44mm

（东京某旅馆）

经过细致打磨的杉木材

（千束的住户）

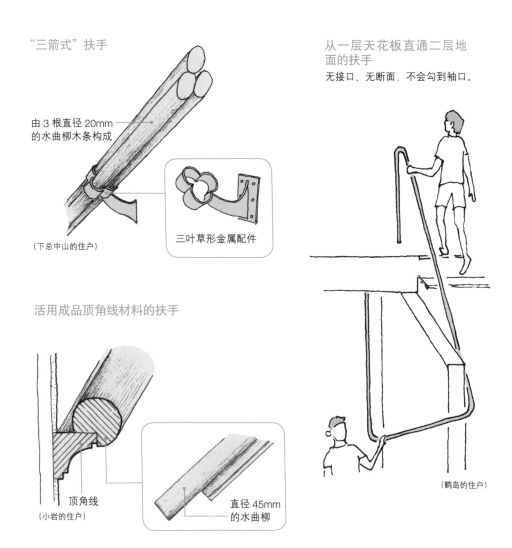

"三箭式"扶手

由 3 根直径 20mm 的水曲柳木条构成

（下总中山的住户）

三叶草形金属配件

活用成品顶角线材料的扶手

顶角线

（小岩的住户）

直径 45mm 的水曲柳

从一层天花板直通二层地面的扶手

无接口、无断面，不会勾到袖口。

（鹤岛的住户）

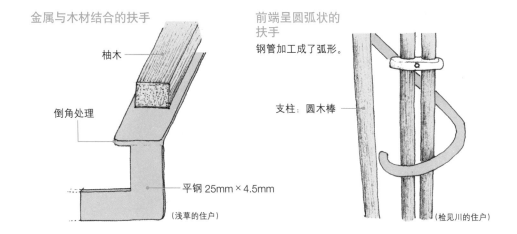

金属与木材结合的扶手

柚木

倒角处理

平钢 25mm × 4.5mm

（浅草的住户）

前端呈圆弧状的扶手

钢管加工成了弧形。

支柱：圆木棒

（检见川的住户）

147

富有设计感的金属配件

　　随着住房建筑法规的日趋严格，以及人们对住宅功能的要求不断提高，住宅规划与设计越来越标准化、模式化。如何在千篇一律中保留独特性呢？以住宅中必不可少的五金配件为例，市面上就有很多品质不错的产品，但多少有些呆板，我们可以请五金师傅定制一些简洁而富有设计感的小配件，用来装点居室，这应该不难。

DIY 五金挂钩

多功能圆环挂钩
将细钢条弯成圆环，柔和的造型与和风设计相得益彰。

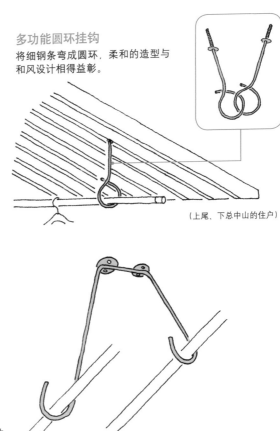

（上尾、下总中山的住户）

带天线的可视电话
装饰天线能够避免四目相对时的尴尬。

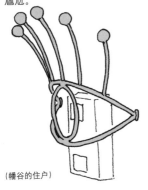

（幡谷的住户）

音符状五金挂钩
专为音乐爱好者设计的挂钩，富有律动感。

（鹤岛的住户）

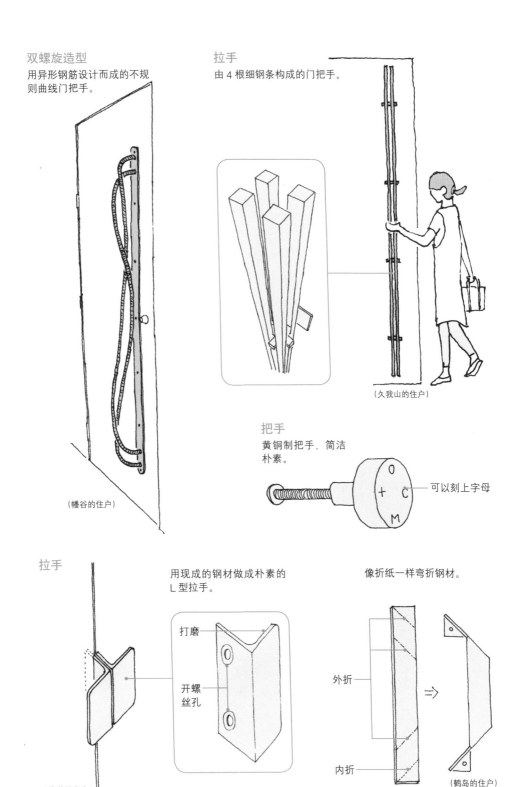

双螺旋造型
用异形钢筋设计而成的不规则曲线门把手。

（幡谷的住户）

拉手
由 4 根细钢条构成的门把手。

（久我山的住户）

把手
黄铜制把手，简洁朴素。

可以刻上字母

拉手

用现成的钢材做成朴素的 L 型拉手。

打磨

开螺丝孔

（浅草的住户）

像折纸一样弯折钢材。

外折

内折

（鹤岛的住户）

享受装饰墙面的乐趣

　　木造结构的住宅也需要用混凝土、灰泥处理墙面。在混凝土墙面尚未凝固时，我们可以天马行空，尝试各种设计，加入自己喜欢的元素。混凝土墙面需要找专业装修公司完成，而灰泥则可以自己动手涂刷，是一项很有趣的挑战。

装饰墙面的乐趣

竹纹混凝土墙面
将毛竹对半劈开，嵌入未干的混凝土中，凝固后即可呈现出竹纹。

水平断面　　　　　　　（国立的住户）

手印墙
记录孩子成长的点点滴滴。

TAKAAKI
RYUUJI
KENYA

还有脚印！

（梶谷的住户）

用碎石装饰的土间地面

这样的设计参考了京都的修学院离
宫中传统的地面铺设方式。

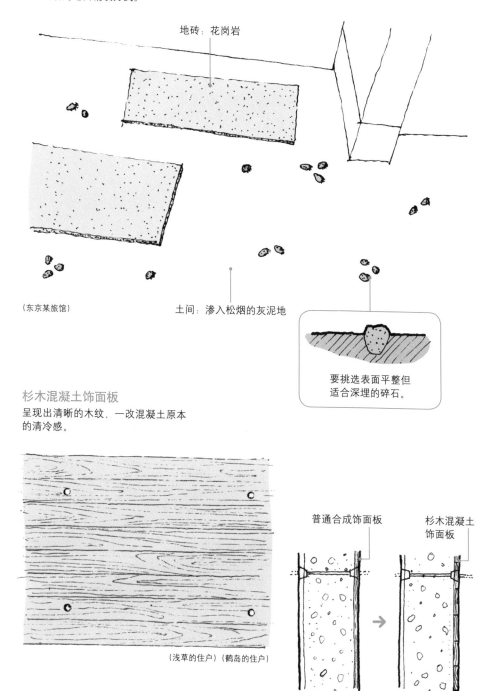

地砖：花岗岩

（东京某旅馆）

土间：渗入松烟的灰泥地

要挑选表面平整但
适合深埋的碎石。

杉木混凝土饰面板

呈现出清晰的木纹，一改混凝土原本
的清冷感。

（浅草的住户）（鹤岛的住户）

普通合成饰面板

杉木混凝土
饰面板

柔和的圆形元素

如果整个住宅都是由较多强有力的直线构成，那么可以适当加入一些圆形的设计元素，起到调节作用，或作为一个亮点。比如，可以在拉手、玻璃砖或天窗上随机加入零星的圆形元素，或是在某处加入月牙形的装饰。日本人最擅长与花鸟风月等自然景象融为一体，住宅设计也应该借鉴。

繁星般耀眼，满月般圆润

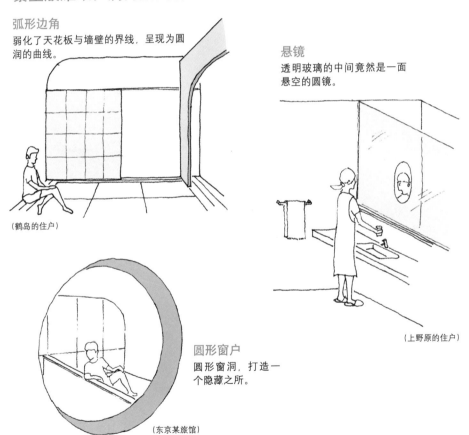

弧形边角
弱化了天花板与墙壁的界线，呈现为圆润的曲线。

（鹤岛的住户）

悬镜
透明玻璃的中间竟然是一面悬空的圆镜。

（上野原的住户）

圆形窗户
圆形窗洞，打造一个隐藏之所。

（东京某旅馆）

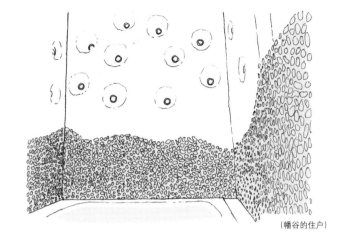

眼球形玻璃砖

玻璃墙上的眼睛图案为密闭浴室增添一丝乐趣。

(幡谷的住户)

光盆

在方形转角处设计一个圆弧形的光盆，装入内置照明，覆上半透明亚力克板。
摆放玻璃制品，光影结合形成优雅一角。

(OYOMINO 的住户)

望星窗

这种设计原本是为了确认厕所内有没有人，但这里不是厕所，而是爸爸的房间，望星窗作为采光口，总是保持光亮。

零星分布的光点作为卫生间的光源，仿佛夜空中的星座图。

(莲根的住户)

大小圆点的亲子把手

小朋友用把手的较低处，大人用把手的较高处。兼顾两种需求。

(桧见川的住户)

153

暖心的照明设计

据说遭受过空袭的国家，灯光普遍比较明亮。姑且不去求证这种说法的真实性，至少日本的灯光很亮。工作区域亮一些无可厚非，休闲场所或卧室内外可以考虑选用一些暖色调的灯光，有利于缓解白天的紧张，还有助于睡眠。此外，要尽量避免选用太刺激、太明亮的直射光源，合理运用间接照明。

因地制宜的照明

各类灯具
发挥各自特长，开关自如，随意移动，获得生活必需的光照。

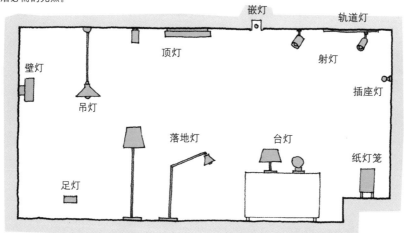

白炽灯

具有聚光、散射、漫射等各种功能，拥有极佳的演色性。但价格低廉，寿命短、发热等缺点让制造商望而却步。

荧光灯

寿命长、热耗少，有的甚至比 LED 灯的性能更好。由于水银的问题，可能和白炽灯一样从我们的日常生活中消失。

LED 灯

性能好，寿命长。即便价格贵些也被普遍接受。冷色调的灯光仍有改良空间，期待出现更适合住宅、更温馨的光色。

若隐若现的间接照明

看不见光源，反射点、照明点投射在哪里才是关键。

反射光照明

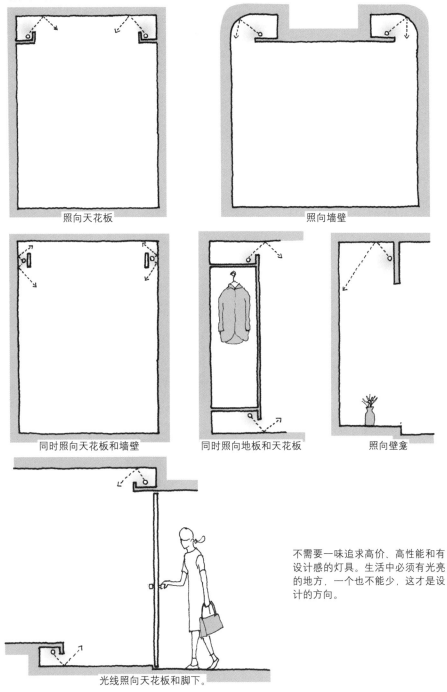

照向天花板

照向墙壁

同时照向天花板和墙壁

同时照向地板和天花板

照向壁龛

不需要一味追求高价、高性能和有设计感的灯具。生活中必须有光亮的地方，一个也不能少，这才是设计的方向。

光线照向天花板和脚下。

躲起来工作的空调

在日本，就算遮光、通风与隔热都做得无懈可击，没有空调依然无法度过炎夏和寒冬。

安装空调的位置、室外机的摆放，以及如何做到尽量不突兀等问题都要考虑周详。此外，起居室可以选用略贵的内置式空调[①]，其他房间则可选用简单的挂壁式空调。如何与空调和平共处是一个值得深思的问题。

清凉、舒适是永恒的追求

尽量不用空调，但传统的降温方法未必能满足所有需求。

风铃　洒水　刨冰　西瓜　牵牛花　乘凉　点蚊香

① 装修房屋时就安装好，不能随意拆卸。

如何与空调"和平共处"

挂壁式空调隐藏法　　特别是和室中，空调外露很煞风景。

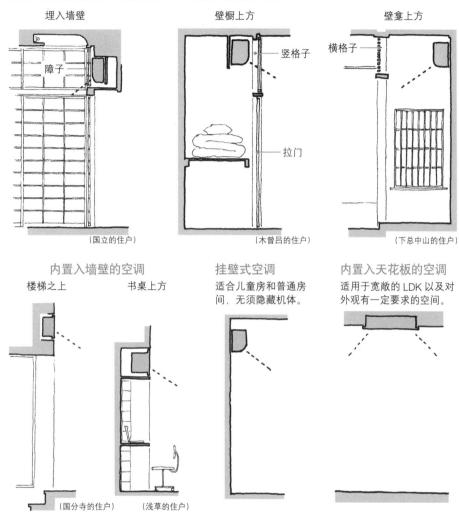

埋入墙壁

障子

（国立的住户）

壁橱上方

竖格子

拉门

（木曾吕的住户）

壁龛上方

横格子

（下总中山的住户）

内置入墙壁的空调

楼梯之上　　　　书桌上方

（国分寺的住户）　（浅草的住户）

挂壁式空调

适合儿童房和普通房间，无须隐藏机体。

内置入天花板的空调

适用于宽敞的 LDK 以及对外观有一定要求的空间。

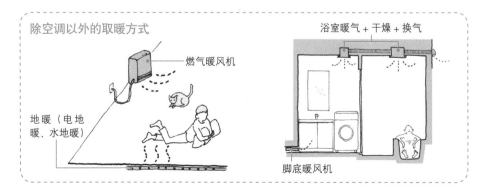

除空调以外的取暖方式

燃气暖风机

地暖（电地暖、水地暖）

浴室暖气 + 干燥 + 换气

脚底暖风机

我家的"司令台"在哪？

所有家电设备都离不开电，连煤气热水器也一样。生活方便了，但遥控器的数量却越来越多。另外，用于家庭内部交流的便利贴等也需要放在一个固定且醒目的地方。因此，统一管理遥控器以及家庭成员间相互告知消息的"司令台"必须事先规划。

越来越多的遥控器

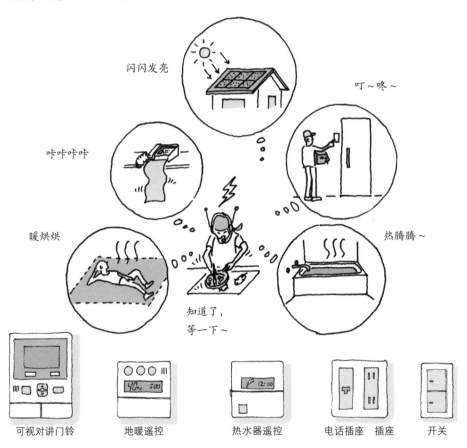

闪闪发亮

叮~咚~

咔咔咔咔

暖烘烘

热腾腾~

知道了，等一下~

可视对讲门铃　　地暖遥控　　热水器遥控　　电话插座　插座　　开关

这里是住宅的"中枢神经"

不光是家里的遥控器，家庭成员间的联络事项也可以贴在这里。

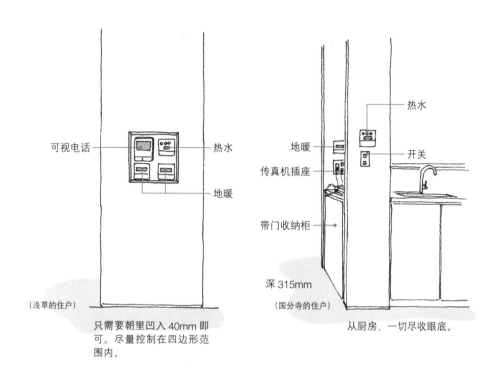

可视电话 —— 热水

—— 地暖

（浅草的住户）

只需要朝里凹入 40mm 即可。尽量控制在四边形范围内。

热水

地暖 —— 开关

传真机插座

带门收纳柜

深 315mm

（国分寺的住户）

从厨房，一切尽收眼底。

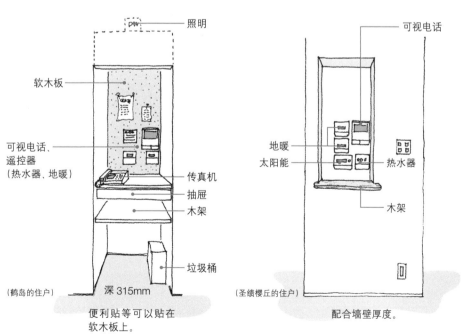

照明

软木板

可视电话、遥控器
（热水器、地暖）

传真机

抽屉

木架

垃圾桶

（鹤岛的住户）

深 315mm

便利贴等可以贴在软木板上。

可视电话

地暖
太阳能 —— 热水器

木架

（圣绩樱丘的住户）

配合墙壁厚度。

高品质生活怎能少了声音设计

　　长时间待在一个完全静音的环境，可能会让人感到不安。既然活着，周围就需要有适当的声音。烧水的声音能让人感受到生活的真实，静静流淌的音乐能治愈心灵。但是物极必反，声音过多就会变成噪音，因此在设计住宅时，有必要处理好声音的扩散与吸收。

住宅中充满各种声音

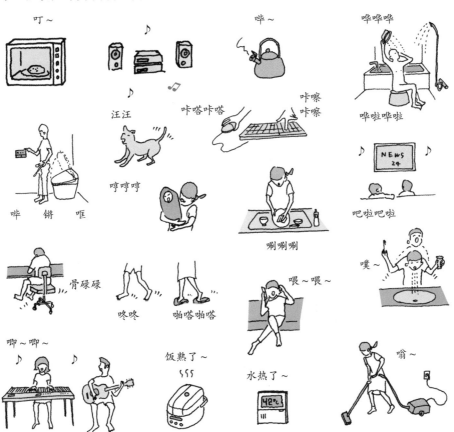

如何吸收与扩散令人愉悦的声音

如果没有吸收与扩散……

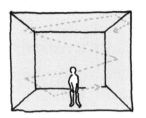

声音的连续反射路径。

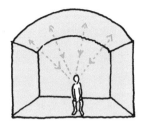

声音容易在弧面反射后聚集到一处。

入射角

反射角

入射角＝反射角

利用房间形状进行适当的扩散与反射

有时候不规整的空间反而可以制造出良好的音效。

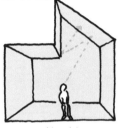

断面路径

平面路径

利用内墙材料进行扩散与吸收

表面粗糙的内墙材料有利于声音的扩散。

手刷水泥墙

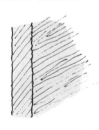

粗木材

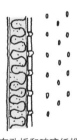

有孔板和玻璃纤维

利用天花板材料吸音

可用在厨房与厕所的天花板。

石棉吸音板

靠内装解决

沙发、布艺窗帘、地毯、书架等，都具有一定的吸音和扩散作用。

加湿器是必需品吗？

　　日本的夏天高温潮湿，到了冬天，住宅更要注意湿气过重的问题。都说病毒害怕潮湿的环境，因此越来越多的家庭使用加湿器，却引起了窗户结露的问题。所以有必要通过湿度计来控制室内湿度，及时通风与换气。密闭性越好的住宅越难排除湿气。此外，收纳衣物、被褥的空间也必须经常通风。

关掉加湿器，立刻通风！

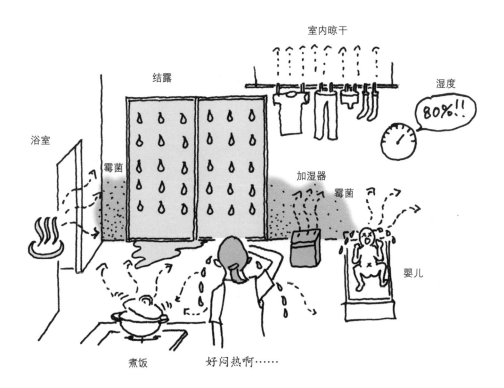

室内晾干

结露

湿度

80%!!

浴室

霉菌

加湿器

霉菌

婴儿

煮饭

好闷热啊……

不积聚湿气的舒适生活

让清新的空气流动起来吧。

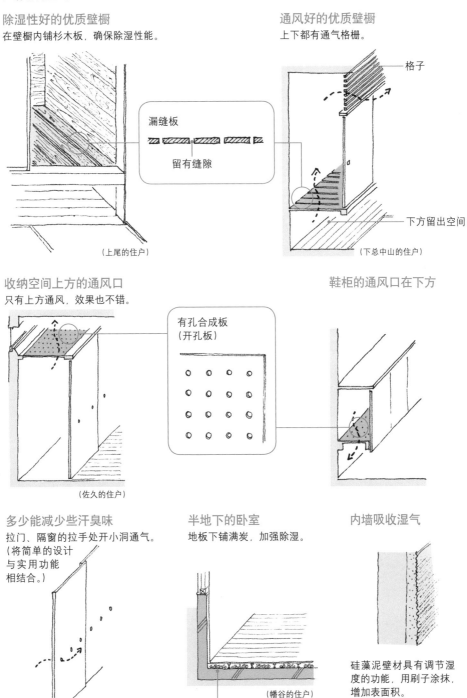

除湿性好的优质壁橱
在壁橱内铺杉木板，确保除湿性能。

漏缝板

留有缝隙

（上尾的住户）

通风好的优质壁橱
上下都有通气格栅。

格子

下方留出空间

（下总中山的住户）

收纳空间上方的通风口
只有上方通风，效果也不错。

有孔合成板
（开孔板）

（佐久的住户）

鞋柜的通风口在下方

多少能减少些汗臭味
拉门、隔窗的拉手处开小洞通气。
（将简单的设计
与实用功能
相结合。）

（检见川的住户）

半地下的卧室
地板下铺满炭，加强除湿。

炭

（幡谷的住户）

内墙吸收湿气

硅藻泥壁材具有调节湿
度的功能，用刷子涂抹，
增加表面积。

163

兼顾防盗与避难

与公寓不同，独栋住宅的窗户较多，因此更要注意防盗，在设计时也要严格选材。可是话又说回来，全部装上防盗窗固然让人安心，但遇到灾害时可能不利于逃难。所以我们必须先想清楚"玄关着火，我们要从哪里逃生？"当然，除了窗户和外墙设计，日常的防盗措施也要考虑，例如，如何在外出时制造家中有人的假象等。

防盗百分百，避难呢？

就算小偷入室、现金被盗又如何？还是生命更重要。

提前想好防盗、避难对策

如果玄关着火……

如果都装防盗窗，逃不出去。

要预留一条玄关之外的逃生路线。

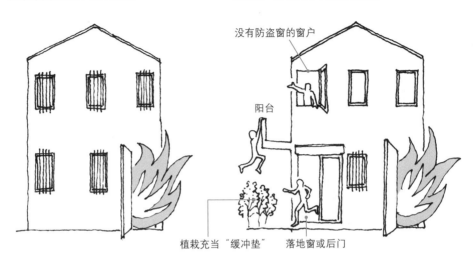

没有防盗窗的窗户

阳台

植栽充当"缓冲垫"　落地窗或后门

针对落地窗的防盗对策

安装防盗玻璃或网状玻璃。
防盗玻璃就是带有 CP 标记
的多层玻璃。

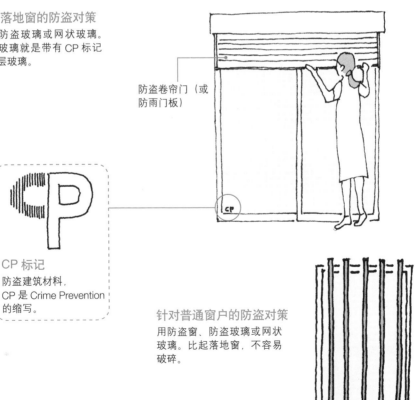

防盗卷帘门（或
防雨门板）

CP 标记

防盗建筑材料，
CP 是 Crime Prevention
的缩写。

针对普通窗户的防盗对策

用防盗窗、防盗玻璃或网状
玻璃。比起落地窗，不容易
破碎。

各种防盗措施

不仅在建住宅时将防盗措施纳入设计，日后还要根据生活习惯增设。

感应式防盗灯

安装的位置尽量隐蔽，以免引起邻居和每天都会经过这里的路人的不满。

啪

定时防盗灯

一到傍晚就会自动亮灯，还能设置节电模式，深夜自动灭灯。

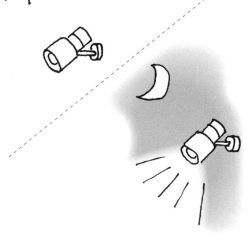

空城计

晚上或家中无人时，故意打开厨房的灯或起居室的电视机。

铺满砂石

在房子的周围铺上砂石，只要有人靠近就会发出声响。但在野猫泛滥的地方，容易变成它们的排泄场所必须注意。

选用较大的邮箱

家中无人时，短期内邮件也不会溢出来。

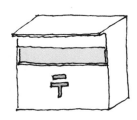

后　记

　　本书收录了我从业近 20 年接触过的住宅设计案例，更像一本参考书。29 岁那年，我怀揣梦想，独立创业，以"作品可以登上著名建筑杂志的封面"为目标。后来，在与每一位屋主沟通交流的过程中，我渐渐改变了自己的志向。因为我明白了一件事：那就是充分理解屋主的需求，最大限度地帮助他们实现愿望，是住宅设计师存在的意义，也是真正的成就。

　　我曾浏览过一些同行的主页，他们的设计案例照片非常美，且完全体现了设计师的特点，我很羡慕。我想，屋主可以按照自己的喜好挑选适合的设计师，有的放矢，方便又放心。反观自己，接手的案子各不相同，无法形成自己的特点和风格。虽然也遇见过极富个性的屋主，设计过一些拿得出手的作品，可这不是长久之计，不能总是根据屋主的要求，亦步亦趋。我认为，和风也好，现代风也罢，设计本身就像身体里流淌的血液一样，本质上没有区别，但这么多年我都没有发现合适的时机总结归纳自己的心得。正在这时，我的一位老朋友，X-Knowledge 株式会社的三轮浩之先生向我约稿，写一本关于住宅细节设计的书。

于是，我翻出封尘十几年的图纸，从某种意义上来讲，开始了一次"自我剖析"的旅程。从一次就敲定的设计方案，到构思过无数次的布局和空间，在整理的过程中，我渐渐摸索出一套住宅设计的"料理法"（说明书）。让人欣慰的是，那些我认为非常重要，并很想与大家分享的心得体会，自始至终从未改变，我想，今后也不会变。

倘若各位读者因为这本书而感受到设计一个家的快乐，并且因为本书产生了更多灵感与设想，作为作者，再没有比这更让人欣慰与快乐的了。

大岛健二

书中收录的建筑物索引

本八幡的住户
所在地　千叶县市川市
竣工　2003年8月
占地面积　155.83m²
使用面积　104.11m²
构造 规模　木造、地上2层

东京某旅馆
所在地　东京都台东区
竣工　2005年12月
占地面积　48.31m²
使用面积　128.16m²
构造 规模　钢筋造、地上4层

府中的住户
所在地　东京都府中市
竣工　1996年9月
占地面积　94.55m²
使用面积　111.60m²
构造 规模　RC造+木造、地下
1层　地上2层

广尾的住户
所在地　东京都涉谷区
竣工　2000年12月
占地面积　61.42m²
使用面积　81.84m²
构造 规模　RC造+木造、地下
1层 地上2层

鹤岛的住户
所在地　埼玉县鹤岛市
竣工　2009年5月
占地面积　538.38m²
使用面积　238.49m²
构造 规模　RC造+木造、地
上2层

池之端的住户
所在地　东京都台东区
竣工　2014年5月
占地面积　44.43m²
使用面积　70.82m²
构造 规模　木造、地上3层

逗子的住户
所在地　神奈川县逗子市
竣工　2005年4月
占地面积　149.44m²
使用面积　104.19m²
构造 规模　木造、地上2层

鹄沼海岸的住户
所在地　神奈川县藤泽市
竣工　2005年11月
占地面积　115.70m²
使用面积　92.02m²
构造 规模　木造、地上2层

国分寺的住户
所在地　东京都国分寺市
竣工　2009年10月
占地面积　66.93m²
使用面积　83.57m²
构造 规模　木造、地上2层

加古川的住户
所在地　兵库县加古川市
竣工　1998年4月
占地面积　207.33m²
使用面积　131.04m²
构造 规模　木造、地上2层

大井松田的住户
所在地　神奈川县足柄上郡
竣工　2009年11月
占地面积　332.43m²
使用面积　135.99m²
构造 规模　木造、地上2层

幡谷的住户
所在地　东京都涉谷区
竣工　2004年11月
占地面积　50.47m²
使用面积　76.91m²
构造 规模　RC造+木造、地上
2层

广岛的住户
所在地　广岛县广岛市
竣工　1999年12月
占地面积　198.96m²
使用面积　263.41m²
构造 规模　钢筋造、地上3层

国立的住户
所在地　东京都国立市
竣工　2002年7月
占地面积　739.28m²
使用面积　316.21m²
构造 规模　RC造+木造、地
下1层　地上2层

检见川的住户
所在地　千叶县千叶市
竣工　2000年7月
占地面积　194.72m²
使用面积　110.05m²
构造 规模　木造、地上2层

久我山的住户
所在地　东京都杉并区
竣工　2005年8月
占地面积　142.62m²
使用面积　112.51m²
构造 规模　木造、地上2层

蕨的住户
所在地　埼玉县蕨市
竣工　2005年3月
占地面积　99.23m²
使用面积　104.52m²
构造 规模　木造、地上2层

莲根的住户
所在地　东京都板桥区
竣工　2010年2月
占地面积　77.31m²
使用面积　121.57m²
构造 规模　RC造+木造、地上3层

六角桥的住户
所在地　神奈川县横滨市
竣工　2003年12月
占地面积　216.36m²
使用面积　181.96m²
构造 规模　钢筋造、地上3层

木曽吕的住户
所在地　埼玉县川口市
竣工　2003年4月
占地面积　164.58m²
使用面积　98.11m²
构造 规模　木造、地上2层

OYUMINO的住户
所在地　千叶县千叶市
竣工　2000年12月
占地面积　149.99m²
使用面积　93.15m²
构造 规模　木造、地上2层

千束的住户
所在地　东京都台东区
竣工　2014年7月
占地面积　129.13m²
使用面积　196.94m²
构造 规模　钢筋造、地上3层

浅草的住户
所在地　东京都台东区
竣工　2012年4月
占地面积　99.89m²
使用面积　139.62m²
构造 规模　RC造、地上3层

人形町的住户
所在地　东京都中央区
竣工　2011年9月
占地面积　24.26m²
使用面积　43.63m²
构造 规模　木造、地上2层

上尾的住户
所在地　埼玉县上尾市
竣工　2007年6月
占地面积　236.42m²
使用面积　107.02m²
构造 规模　木造、地上1层

上野原的住户
所在地　山梨县上野原市
竣工　1995年12月
占地面积　483.89m²
使用面积　175m²
构造 规模　木造、地上2层

圣绩樱丘的住户
所在地　东京都多摩市
竣工　2012年5月
占地面积　267.81m²
使用面积　92.74m²
构造 规模　木造、地上1层

夙川的住户
所在地　兵库县西宫市
竣工　2001年6月
占地面积　134.00m²
使用面积　107.00m²
构造 规模　木造、地上2层

藤丘的住户
所在地　神奈川县横滨市
竣工　1998年4月
占地面积　125.52m²
使用面积　100.22m²
构造 规模　木造、地上2层

梶谷的住户
所在地　神奈川县川崎市
竣工　2003年3月
占地面积　88.20m²
使用面积　136.76m²
构造 规模　钢筋造、地上3层

下总中山的住户
所在地　千叶县千叶市
竣工　2007年9月
占地面积　283.17m²
使用面积　115.55m²
构造 规模　木造、地上2层

小岩的住户
所在地　东京都江户川区
竣工　2004年3月
占地面积　61.29m²
使用面积　55.65m²
构造 规模　木造、地上2层

佐久的住户
所在地　长野县佐久市
竣工　2012年10月
占地面积　591.68m²
使用面积　148.30m²
构造 规模　木造、地上2层

图书在版编目（ＣＩＰ）数据

住宅细节解剖书 ／（日）大岛健二著 ；董方译．——
海口 ：南海出版公司，2018.9
ISBN 978—7—5442—9301—3

Ⅰ．①住… Ⅱ．①大… ②董… Ⅲ．①住宅－室内装
修－图解 Ⅳ．①TU767-64

中国版本图书馆CIP数据核字(2018)第098966号

著作权合同登记号 图字：30—2016—050

IE ZUKURI KAIBOUZUKAN
© KENJI OSHIMA 2014
Originally published in Japan in 2014 by X-knowledge Co., Ltd.
Chinese (in simplified character only) translation rights arranged with
X-knowledge Co., Ltd.
All rights reserved.

住宅细节解剖书
〔日〕大岛健二 著
董方 译

出　　版　南海出版公司　（0898)66568511
　　　　　海口市海秀中路51号星华大厦五楼　邮编 570206
发　　行　新经典发行有限公司
　　　　　电话(010)68423599　邮箱 editor@readinglife.com
经　　销　新华书店

责任编辑　崔莲花
特邀编辑　余梦婷
装帧设计　李照祥
内文制作　博远文化

印　　刷　北京天宇万达印刷有限公司
开　　本　787毫米×1092毫米　1/16
印　　张　10.75
字　　数　90千
版　　次　2018年9月第1版
　　　　　2020年10月第4次印刷
书　　号　ISBN 978—7—5442—9301—3
定　　价　58.00元